Inhalt

Danksagung

Ich danke Herrn Prof. Dr. Gunther Hildebrandt, Marburg, und Herrn Dr. Wolfgang Schad, Witten, für die Anregungen und die wertvolle Hilfe bei der Abfassung der vorliegenden Arbeit sowie die kritische Durchsicht des Manuskriptes. Außerdem richtet sich mein Dank an die Pädagogische Forschungsstelle beim Bund der Freien Waldorfschulen, in deren Auftrag ich die Arbeit verfaßt habe und die sie finanzierte.

Bernd Roßlenbroich

Vorwort

Auf den ersten Blick scheint das Thema dieses Buches vorwiegend dem Wissensdurst des Lesers entgegenzukommen. Und in der Tat ist das Gebiet der biologischen Rhythmusforschung schon dadurch von hohem Interesse, daß sich hier ein recht junger Forschungszweig der Lebenswissenschaften vorstellt. Besonders ausführlich ist die Zeitordnung des menschlichen Organismus erforscht worden. Diese Entwicklung ging von der modernen Medizin aus, war doch bald deutlich, daß hiermit eine eminente Grundlage für die Therapie gegeben ist, gerade auch für die langfristig wirksame Behandlung klassischer Zivilisationskrankheiten. Diese sind ja zumeist systemische Erkrankungen, hervorgerufen durch den Verlust der Abstimmung der Organrhythmen untereinander durch zuviel oder zuwenig Anspannung (Leistungshektik/Freizeitlethargie) infolge der zivilisatorischen Arhythmik. Das Motiv dieser Arbeit war aber vorwiegend, das heutige Wissen um die rhythmische Organisation des Menschen auch dem pädagogischen Raum zur Verfügung zu stellen. Nach einer Einführung in die Rhythmenorganisation des erwachsenen Menschen sind hier deshalb die physiologischen Rhythmen des Kindes in ihrer Entwicklung, soweit sie bisher erforscht werden konnten, in die Darstellung aufgenommen worden.

Als 1919 die erste Waldorfschule entstanden war, monierten einige Vertreter der damaligen Landerziehungsbewegung, daß eine solche Pädagogik in einer Großstadt, nämlich in Stuttgart, begonnen habe. Rudolf Steiner setzte dem entgegen, daß wesentliche Hilfe nicht abseits von den Problemfeldern, sondern mitten in ihnen notwendig ist.

Aber nicht nur zivilisationstherapeutisch sollte jede echte Pädagogik sein, sondern weit darüber hinaus sollte bemerkt werden, daß Erziehung immer eine Art Therapie ist. Die Einleibung der Geistnatur der kindlichen Persönlichkeit in den Erbstrom der Vorfahrenreihe bedeutet ja immer auch eine Einengung der geistigen Universalität. Dadurch ist jede Inkarnation im Blick auf die Geistnatur des Menschen eine Art «konstitutive Erkrankung», an deren Heilung sich zu beteiligen der innere Grundnerv jeglicher Erziehung ist, ob sie es weiß oder nicht. Die Zukunft braucht dieses Wissen um das therapeutische Mandat jeder Pädagogik, sonst wird sie inhuman.

Die Waldorfpädagogik möchte im Sinne des Kindes darauf aufmerksam machen, was wir im pädagogischen Bezug zwischen Erzieher und Zögling besser verstehen und tun können. Es mag zwar paradox erscheinen, daß eine Pädagogik, die von einem spirituellen Menschenverständnis ausgeht, sich immer auch für die physiologisch-somatischen Bedürfnisse des aufwachsenden Kindes interessiert hat. Aber es gibt eben nichts Praktischeres als den Geist. Sonst wird das Phänomen «Schule-macht-krank» der Dauerzustand (siehe *Der Spiegel*, Jg. 30, Nr. 23/1976 und Jg. 47, Nr. 24/1993).

So liegt es nahe, physiologisch-therapeutische Grundlagen für den pädagogischen Raum immer wieder erneut zusammenzutragen. Schon das Kleinkind hat ja bekanntlich geradezu immensen Rhythmenhunger: Im rhythmischen Gehen von Vater und Mutter getragen zu werden, die Wiege, das Schaukelpferd, die Schaukel, das Lied, die Sprechreime, die oft und oft verlangte Wiederholung des Ähnlichen – all das hat konstitutiv tiefgreifende Direktwirkung nicht nur auf das Seelenleben des Kindes, sondern – wenig gewußt – ebenso auf die physiologische Organrhythmik, durch die kindliche Lebensfreude dem Leibe vermittelt. Die Abstimmung der Atmungs- und Kreislaufrhythmen auf ihre harmonischen Grundordnungen, die dadurch für das ganze Leben belastbar werden, ohne zu rasch zu entgleisen, ist eine solche entscheidende Inkarnationshilfe durch eine das Kind rhythmisch ansprechende Erziehung.

Des weiteren konstituiert und stabilisiert sich normalerweise in den ersten sieben Jahren die endogene Circadian-Rhythmik des Tag-Nacht-Zyklus. Ein Tag kann dem Kindergartenkind noch unendlich lang erscheinen, so dicht und voll wird die Gegenwart erfahren. Die Länge einer Tag-Nacht-Periode erlebnismäßig zu realisieren ist dem Kinde erst gegen die Schulreife hin anfänglich möglich. – Mit dem Eintritt in den schulischen Lebensrhythmus tritt der Zeitraum der Woche und ihre Ordnung zunehmend in den Bewußtseinshorizont des Kindes. Ein hygienisch geordneter Stundenplan ist eine entscheidende Hilfe für die Ausdehnung der den Tag übergreifenden Perioden. Die zugehörige Potenz reaktiver Circaseptan-Rhythmik begleitet diesen Vorgang. – Die Monatsrhythmik gehört zu den besonders integrativen Langzeitrhythmen. Die Ökonomisierung des Lernens durch epochalen Unterricht nutzt gerade diese Rhythmik. Sie sollte auch in der Epochenplan-Gestaltung bewußt berücksichtigt werden. Insbesondere für die oft unphysiologischen Bedingungen und Gewohnheiten des Jugendalters in den Oberstufenklassen kann eine solche Ausrichtung des Epochenunterrichts eine außerordentlich wirksame Hilfe darstellen. Es ist zwar mehrheitlich auch in der Waldorfschulpraxis nicht möglich gewesen, die Unterrichtsepochen vierwöchentlich zu strukturieren, aber schon der Einbezug der Ferienzeiten in die Einschnitte des Epochenwechsels ist handhabbar und fördert mehr die Willenserziehung als verbale Aufforderungen an den Schüler. – Das Miterleben des Jahreslaufes ist eine Daueraufgabe jedes kulturellen Milieus. Das Feiern der Jahresfeste gibt immer wieder erneut den Anlaß dazu, den Blick für den zyklischen Wechsel in der natürlichen Umwelt ebenso einzubeziehen wie die inneren christlichen Dimensionen. Auch die physiologische Jahresrhythmik des Menschen ist kulturell zu vermitteln.

Die Physiologie des Wachsens und Lernens in ihrem psychosomatischen Wechselbezug zu verfolgen gehörte zum lebenslangen Anliegen von Prof. Dr. med. Herbert Hensel und Dr. med. Hanno Matthiolius. Insbesondere gebührt unser Dank Prof. Dr. med. Gunther Hildebrandt, dessen Beiträge zur Erforschung des menschlichen Rhythmenspektrums für die Entstehung dieses Buches ebenso entscheidend waren wie seine immer zur Verfügung stehende Beratung. Den Hauptdank aber möchte die Pädagogische Forschungsstelle beim Bund der Freien Waldorfschulen Herrn Dr. med. vet. Bernd Roßlenbroich für die hier vorgelegte engagierte, reiche Darstellung sagen, die nun ihre Anregungen geben möge für die lebendige Praxis.

Witten, Juli 1993   *Wolfgang Schad*

Einleitung

Rhythmus ist Leben:

Jeder lebendige Organismus existiert in einem beständig ablaufenden zeitlichen Prozeß, der sowohl die überindividuellen Vorgänge wie zum Beispiel die Evolution als auch die Vorgänge im einzelnen Organismus, etwa Wachstum, Differenzierung und Stoffwechsel, betrifft. Darüber hinaus ist er in die zeitlichen Verhältnisse seiner Umgebung, die vor allem von kosmischen Zusammenhängen wie dem Tag-/Nachtwechsel bestimmt sind, eingebunden. Diese Prozesse haben sowohl jeder für sich als auch in ihren Verhältnissen untereinander eine bestimmbare zeitliche Struktur, eine zeitliche Ordnung. Daher ist es eine vordringliche Aufgabe der Biologie, diese Zeitstrukturen zu untersuchen. Nimmt man aber den Organismus oder Teile davon aus dem lebendigen Prozeß heraus, um Untersuchungen durchzuführen, fällt es schwer, aus den so gewonnenen Erkenntnissen den zeitlichen Prozeß zu rekonstruieren. Es ist bezeichnend, daß die derzeitige Biologie gerade die Bereiche, die nur im zeitlichen Prozeß verstanden werden können, bisher kaum durchdrungen hat. So sind die Vorgänge der Evolution noch weitgehend unverstanden. In der Embryologie ist es noch weithin unbekannt, wie es zur zeitlichen Koordination der einzelnen Wachstums-, Entwicklungs- und Differenzierungsschritte des Keimes kommt und warum das Wachstum eines Organismus aufhört, wenn eine bestimmte Größe und Reife erreicht ist. Als ein Beispiel aus der Physiologie des Menschen sei die Regelmäßigkeit angeführt, mit der der Monatszyklus der Frau abläuft. Das Schema, nach dem hormonale Einflüsse den Zyklus steuern, beschreibt zwar wesentliche Steuerungsvorgänge im Zyklusablauf, führt darüber

13

hinaus aber zu keiner tieferen Einsicht in die zeitliche Ordnung der sich in relativ genauen Abständen wiederholenden Vorgänge. Die zeitliche Struktur selbst bleibt unerklärt. Die Organisation lebender Organismen ist letztlich nur über den Zeitprozeß zu verstehen. Daher muß die Frage nach der Zeitlichkeit des Organismus gestellt werden, um einem Verständnis des Phänomens Leben näherzukommen.

Alle Lebensprozesse haben ein ganz bestimmtes, diffiziles zeitliches Muster. Dieses wiederum beeinflußt auch andere, zum Beispiel räumliche Vorgänge. So ist ja die räumliche Gestalt aller Lebewesen immer ein Ergebnis zeitlicher Prozesse. Letztlich, so muß man feststellen, liegt das Wesen des Organismus nicht in seiner räumlich-stofflichen Struktur, sondern in seiner Tätigkeit. Diese verändert und ordnet beständig die Stoffe, die damit in ihren stofflich-chemischen Reaktionen streng geleitet werden.

Beobachtet man nun den lebendigen Organismus im zeitlichen Ablauf genauer, so zeigt sich, daß allen Lebensvorgängen periodisch gegliederte, rhythmische Prozesse zugrunde liegen. Diese Rhythmen sind ein Grundphänomen des Lebendigen überhaupt. Damit erscheint es möglich, durch genaue Studien der organismischen Rhythmen zu einem vertieften Verständnis des Prinzips Leben zu kommen und die Beschreibung der räumlich-stofflichen Struktur, also der Raumgestalt, durch die Erfassung der zeitlichen Struktur als der Zeitgestalt zu ergänzen und dadurch erst zu verstehen.*52

Die Grundstruktur der Zeitgestalt des Organismus ist die Struktur des Rhythmus. J. Bockemühl schreibt daher: «Überall, wo wir es mit Leben in der Natur zu tun haben, treten uns Rhythmen entgegen. Sie werden meist als ‹Erscheinungen› am lebenden Organismus betrachtet, wobei man annimmt, daß man zu demjenigen, was ein lebender Organismus ist, prinzipiell keinen Zugang haben könne. Der Rhyth-

---

* Die Anmerkungsziffern verweisen auf die jeweilige Literaturangabe am Schluß des Buches.

mus ist aber das ‹Element› des Lebens. Ohne ihn kann kein Leben sein. Aus ihm geht alles Leben hervor. Darum kommen wir auch dem Leben der Organismen selbst näher, wenn wir uns mit ihren Rhythmen beschäftigen.»[7]

Eine Spezialdisziplin der Biologie, die sich mit den zeitlichen und damit rhythmischen Strukturen bei Pflanzen, bei Tieren und beim Menschen beschäftigt, ist die Chronobiologie (griech. chronos = Zeit), auch biologische Rhythmusforschung genannt. Sie konnte in den letzten Jahrzehnten bereits außerordentlich viele rhythmische Phänomene beobachten, beschreiben und analysieren, und es deutet sich auch die Möglichkeit einer ganzheitlichen Synthese an. Die Chronobiologie ist aber noch am Beginn ihrer Forschung, und langsam erst entwickelt sie ein Verständnis von der Zeitstruktur der Lebewesen. Man darf gespannt darauf sein, was sie in den kommenden Jahrzehnten noch alles erarbeiten wird.*

Obwohl erste Untersuchungen zu biologischen Rhythmen schon im 18. und 19. Jahrhundert durchgeführt wurden, ist die Chronobiologie eine sehr junge Forschungsrichtung; erst in den letzten sechzig Jahren entwickelte sie sich zu einer eigenständigen Disziplin. Sie fand allerdings nur allmählich Anerkennung in der wissenschaftlichen Welt, und man darf wohl sagen, daß sie auch heute noch neben den

---

* Viele Menschen denken bei dem Thema «biologische Rhythmen» spontan an die sogenannten Biorhythmen, die in den Illustrierten und auf dem Jahrmarkt als Stimmungs- und Leistungsbarometer angepriesen werden. Es handelt sich dabei um drei postulierte Sinuskurven mit Perioden von 23, 28 und 33 Tagen. Die Geburtsstunde eines Menschen wird als der Startpunkt dieser Kurven angesehen, die dann für das ganze Leben unbeeinflußbar ablaufen. Ihre jeweiligen Verhältnisse untereinander sollen Auskunft geben über das körperliche und seelische Empfinden und die Leistungsfähigkeit zu bestimmten Zeitpunkten. Diese Rechenoperationen entbehren aber jeglicher wissenschaftlichen Grundlage, mit der wissenschaftlichen Chronobiologie haben sie nichts zu tun. Seriöse Chronobiologen sprechen daher nicht von «Biorhythmen», sondern von «biologischen Rhythmen» oder «biologischen Oszillationen».

15

großen «modernen» Fächern wie zum Beispiel Immunologie, Genetik oder Endokrinologie ein zuwenig beachtetes Dasein führt.

Erst in jüngster Zeit kommt es zu einer stärkeren Berücksichtigung der rhythmischen Phänomene. Besonders im Bereich der Medizin entstehen wesentliche Teilgebiete, in denen die praktischen Konsequenzen untersucht werden, wie etwa die Chronopharmakologie, Chronotherapie oder Chronohygiene. Auch für die Physiologie des Menschen ergeben sich neue Impulse, die aber oftmals noch heute in ihrer Bedeutung nicht erkannt und in die Lehrbücher nur fragmentarisch aufgenommen werden.

Der Erforschung von Rhythmen im Lebendigen stand – und steht in gewisser Beziehung auch heute noch – ein Modell von den physiologischen Abläufen entgegen, das vor allem durch die Lehre von der Homöostase geprägt ist. Danach halten sogenannte Regulationsmechanismen eine Konstanz biologischer Systeme und physiologischer Funktionen aufrecht (griech. homoios = ähnlich, gleichartig; griech. stase = Festigkeit, Stand, Standort).

Das Wort an sich impliziert bereits eine eher statische Auffassung vom Organismus. Regulationsvorgänge werden als sogenannte «feedback-Mechanismen» (Rückkopplungsprozesse) beschrieben, die jede kleine Abweichung schnellstmöglich auf das sogenannte «equilibrium», «steady-state» oder «constant level» zurückführen. Änderungen ergeben sich danach nur aus besonderen inneren oder äußeren Störungen wie zum Beispiel bei Streß.

Das Prinzip der Homöostase wurde 1878 zum ersten Mal von dem französischen Physiologen C. Bernard beschrieben und 1921 durch W.B. Cannon wieder aufgegriffen. Das neue Konzept war sicherlich zunächst ein entscheidender Fortschritt für die Biologie und Medizin, denn es ist in der Lage zu beschreiben, wie es einem Organismus gelingt, ein bestimmtes inneres Milieu, das nicht mehr unmittelbar von äußeren Einflüssen abhängt, aufrechtzuerhalten. Darüber hinaus kann es die Leistungseinstellung bestimmter Funktionen im Organismus bei besonderen Anforderungen beschreiben. Bildet man sich anhand dieser Theorie aber ein allzu starres Bild, nach welchem der Organismus möglichst immer die «stase» anstrebt, so verbaut man sich die Möglichkeit, die Dynamik der Lebensprozesse zu erkennen. C. Bernard selbst sah sein Konzept als Theorie an und wies darauf hin, daß diese abgewandelt werden müsse, wenn sie nicht mehr zu den experimentellen Ergebnissen passe. Er betonte, daß die Existenz und Bedeutung biologischer Variationen im inneren Milieu nicht vernachlässigt werden dürfe; seine Nachfolger vergaßen dies dann aber.

Was zunächst Theorie war, zur Abwandlung bestimmt, wurde der weiteren Forschung zugrunde gelegt und entwickelte sich zur Lehrmeinung. Das statische Bild, das man vom Organismus zeichnete, verhinderte lange Zeit die Erforschung der dynamischen Lebensprozesse, die sich als Rhythmen darstellen. Für die Wissenschaftler war es daher einfach unvorstellbar, daß der Organismus physiologisch bedingte regelhafte Schwankungen durchmacht, und so gab es nur wenige, die sich der Erforschung rhythmischer Phänomene annahmen. A. Reinberg und M. Smolensky schreiben: «Man muß zugeben, daß die Theorie von der Homöostase ein machtvolles Hindernis in der Entwicklung der Chronobiologie war, das die Anerkennung und das Verständnis eindeutiger experimenteller Anhaltspunkte für Periodizitäten verzögerte. Im Namen der wissenschaftlich kanonisierten ‹Sankt Homöostasia› wurden objektive Demonstrationen chronobiologischer Fakten entweder einfach ignoriert oder abgeleugnet. Zusätzlich wurden Artikel, die zur Veröffentlichung in renommierten Zeitschriften eingereicht waren, von ‹Experten› einmütig abgelehnt … Die Theorie der Homöostase war ein Dogma, eine Glaubenssache. Es passierte, daß Chronobiologen mit einem Hauch von herablassender Ironie gefragt wurden: ‹Glauben Sie wirklich an biologische Rhythmen?›»[74]

Besonders in den sechziger Jahren lieferten Chronobiologen dann eine erdrückende Fülle von Fakten, die das Phänomen des Rhythmus unweigerlich in die Diskussion brachten. Noch bis heute harrt aber die Auseinandersetzung zwischen «Homöostatikern» und «Rhythmologen» einer Versöhnung, das heißt der Annahme eines

Konzeptes, das, gemäß den empirisch gefundenen Eigenschaften der Organismen, in der Lage wäre, beide Richtungen zu vereinigen, und jedem der Modelle seinen Gültigkeitsbereich zuwiese. Ansätze dazu sind ebenfalls schon in den sechziger Jahren gemacht worden.[34, 37] Es sei hier nur darauf hingewiesen, daß allen Medizinern in ihrem Grundlagenstudium noch heute jenes starre Funktionsbild der Homöostase vermittelt wird!

Wie sehr spielt sich unser gesamtes Leben in Rhythmen ab ?

Aus der Vielzahl der erforschten biologischen Rhythmen werden im folgenden fast ausschließlich diejenigen des Menschen dargestellt. Wir wollen dabei deutlich machen, wie sehr auch der Mensch in rhythmischen Abläufen lebt, ja, wie sich unser gesamtes Leben in Rhythmen abspielt. Neben den Rhythmen des Organismus gibt es seelische Rhythmen, geistige Rhythmen, aber auch solche in den kulturellen und sozialen Verhältnissen der Menschen. Sogar Rhythmen der Wirtschaft sind beschrieben worden. Aus alledem wollen wir hier nur den von der Biologie zu beschreibenden Teil darstellen. Es soll dabei deutlich werden, wie die Rhythmen des Organismus eine Grundlage für unser gesamtes Leben bilden und damit von nicht zu überschätzender praktischer Relevanz für Arbeitsbereiche wie Medizin (vgl. auch [60a]), Psychologie, Pädagogik und vieles andere mehr sind.

Der menschliche Organismus zeigt Rhythmen ganz unterschiedlicher Wellenlängen (Wellenlänge = Schwingungsdauer eines Rhythmus, vergleiche Abbildung 1), die sich formal in drei große Bereiche einteilen lassen: kurzwellige, mittelwellige und langwellige Rhythmen. Zu den kurzwelligen Rhythmen zählen beispielsweise diejenigen des Nervensystems (Nervenaktionen) und der Flimmerorgane (Oberflächenorgane mit beweglichen Härchen). Die Wellenlängen liegen im Bereich von Bruchteilen einer Sekunde. Zum mittelwelligen Bereich gehören die Rhythmen von Kreislauf und Atmung und die der Verdauungstätigkeit. Zum langwelligen Bereich zählen Tages-, Wochen-, Monats-, Jahres- und Mehrjahresrhythmen.

Unter diesen Rhythmen gibt es sowohl solche, die selbständig im Organismus bestehen, als auch solche, die unmittelbar mit Rhyth-

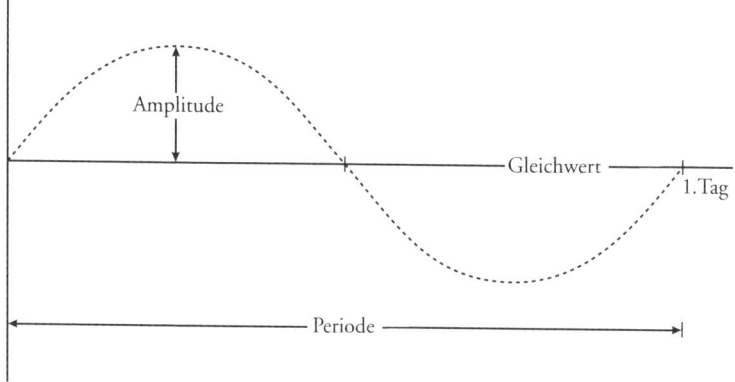

Abb. 1:
Allgemeine Form einer rhythmischen Schwingung (Sinusschwingung) am Beispiel des Tagesrhythmus. In diesem Fall ist die Periodendauer des Rhythmus gleich 1 Tag, das heißt, die Frequenz beträgt 1 pro Tag. Würden wir alle 6 Stunden schlafen und wachen, so wäre die Periode ¹/₂ Tag und damit die Häufigkeit einer Gesamtschwingung, also die Frequenz, ihr Kehrwert, eben 2 pro Tag.

men der Umwelt korrespondieren. Danach kann man die rhythmischen Erscheinungen auch in folgende drei Bereiche einteilen: Innere Rhythmen (=Endo-Rhythmen) sind spontane Rhythmen des Organismus, die in keiner unmittelbaren Beziehung zu Umweltrhythmen stehen. Außenrhythmen (=Exo-Rhythmen) sind solche, die von regelmäßigen Umweltveränderungen gesteuert werden. Außen-Innen-Rhythmen (=Exo-Endo-Rhythmen) sind innere, also vom Organismus selbst hervorgebrachte Rhythmen, die von regelmäßigen Umweltreizen ähnlicher Dauer beeinflußt und auf bestimmte zeitliche Beziehungen zu ihnen eingestellt (synchronisiert) werden. Bei der Beschreibung der Rhythmen des Menschen wird die Bedeutung dieser Einteilung allmählich deutlich werden.

Bei der Betrachtung von Rhythmen, wie sie im folgenden versucht wird, muß stets deutlich bleiben, daß ein Rhythmus nur in seinem ablaufenden Prozeß existiert. Wo der Prozeß zum Stillstand kommt, ist kein Rhythmus mehr zu finden – für einen Organismus heißt dies

19

Tod. Rhythmus kann sich in vielen Fällen am Stofflichen ausprägen, er selbst ist aber Bewegung, das Ereignis selbst, der Vorgang. Alle Abbildungen von Rhythmen sind nur statische Hilfskonstruktionen. Bei der Betrachtung der im folgenden wiedergegebenen Graphiken sollte daher stets deutlich bleiben, daß es sich lediglich um ein zum Stillstand gezwungenes Abbild des ablaufenden Prozesses handelt. Wir können über solche Zeichnungen die Gesetzmäßigkeit und den begrifflichen Zusammenhang der rhythmischen Phänomene erfassen, haben aber in diesem Abbild nicht die Qualität des lebendigen Prozesses vor uns.

Zum Schluß der Einleitung stellen wir einige wenige Fachausdrücke zusammen, die in der Chronobiologie zur Beschreibung schwingender Systeme benutzt werden und für das Verständnis der folgenden Kapitel notwendig sind.

Tabelle 1:
Übersicht über einige Fachausdrücke (in Anlehnung an Aschoff)[5]

Periode (Periodendauer, Periodenlänge, Wellenlänge): die Zeit, die während eines einmaligen Durchlaufens der rhythmischen Schwingung verstreicht. Zeitdauer, nach der eine bestimmte Phase der Schwingung wiederkehrt.

Frequenz: Anzahl der Schwingungen in einer bestimmten Zeit (damit zugleich Kehrwert der Periode).

Amplitude: größter Ausschlag einer Schwingung (Differenz zwischen maximalem (oder minimalem) Funktionswert und dem Gleichwert einer Sinusschwingung).

Phase: Zustand eines Schwingungsvorganges in einem bestimmten Augenblick.

Gleichwert: arithmetisches Mittel aller Augenblickswerte der schwingenden Größe innerhalb einer Periode.

1.
Die kurz- und mittelwelligen Rhythmen

[handwritten notes:] Beispiel herausheben:
Die Atmung – Zusammenhang pädagog. Wirken
in Nachtzeit
• Einatmen & Ausatmen im Tages
verlauf

1.1.
Atmung und Blutkreislauf in ihrem regulativen Wechselverhältnis

Die Atmung des Menschen vollzieht sich im Wechsel zwischen Einatmung und Ausatmung, der von uns unmittelbar als rhythmischer Vorgang erlebt wird. Für die physiologischen Lebensprozesse ist ein Grundrhythmus notwendig, der innerhalb verträglicher Grenzen vielfältig durchbrochen werden kann, um, wie etwa beim Sprechen oder beim Singen, den Luftstrom in den Dienst noch anderer Verrichtungen zu stellen. In körperlich angespannten Leistungssituationen erfolgen starke Veränderungen der Atemfrequenz und Atemtiefe, um den Atemrhythmus auf die jeweiligen Erfordernisse einzustellen. In Ruhe kehrt die Atmung zu ihrem Grundrhythmus zurück, der mit der Ruheatemfrequenz beschrieben werden kann und beim gesunden erwachsenen Menschen etwa 17 bis 18 Atemzüge in der Minute beträgt.

Das Herz-Kreislauf-System ist mit der Atmung unmittelbar verbunden und arbeitet ebenso im rhythmischen Wechsel von Anspannung und Entspannung, das sind hier Systole (Zusammenziehung) und Diastole (Weitung). Das Herz und das gesamte Gefäßsystem bilden dabei eine funktionelle Einheit, die zum Beispiel über die Druckverhältnisse in den Blutgefäßen studiert werden kann. Mißt man dazu den Blutdruck des Menschen über einige Zeit hinweg, so kann man verschiedene, gleichzeitig bestehende rhythmische

Schwankungen finden: Die auffälligste Schwankung ist die Pulsation des Blutes, die mit der systolischen Herzaktion entsteht und sich in die Arterien hinein ausbreitet. Gleichzeitig mit dem räumlichen Ereignis, das durch die Ausdehnung der elastischen Gefäße an einigen Körperstellen mit den Fingern tastbar ist (Volumenpuls), erhöht sich auch kurzfristig der Druck (Druckpuls). Die Frequenz und auch die Stärke des Pulses richten sich stark nach der Belastung des Organismus, da sie, wie auch die Atmung, dem jeweiligen Bedarf angepaßt werden. Das bedeutet, daß Puls und Atmung sowohl in der Frequenz als auch in der Amplitude veränderlich, man sagt «modulierbar» sind. In Ruhe stellt sich die sogenannte Ruhepulsfrequenz ein, die normalerweise bei ca. 72 Schlägen pro Minute liegt. Ihre Periodendauer beträgt etwa 0,85 Sekunden, also eine knappe Sekunde.

Die Pulswelle löst eine weitere rhythmische Erscheinung in der Blutbahn aus, die sogenannte arterielle Grundschwingung, die mit einer Periodendauer von 0,3 bis 0,5 Sekunden noch unterhalb der des Pulses liegt. Sie kommt als eine Reflexion der Pulswelle zustande: In den kleineren Arterien, besonders auch an Gefäßverzweigungen, wird die Pulswelle zum Teil zurückgeworfen und läuft wieder zum Herzen zurück, wo sie an der in diesem Augenblick geschlossenen Herzklappe erneut reflektiert wird, um noch einmal durch die Gefäße zu wandern. Das Ganze kann sich dann wiederholen. Man kann sich diesen Vorgang wohl vorstellen wie den Lauf einer Welle auf der Flüssigkeitsoberfläche eines ruhig stehenden, mit Wasser gefüllten Glases. Stößt man durch einen Gegenstand eine Welle an, so läuft sie zur Gefäßwand, wird dort reflektiert und läuft wieder zur Mitte zurück, wo sie an dem Gegenstand erneut reflektiert werden kann. Die Verhältnisse in den Adern des Körpers sind allerdings noch einmal wesentlich verschieden von diesem Modell, denn die Gefäßwände sind elastisch und bewirken gerade dadurch die verstärkte Reflexion der Pulswelle. Frequenz und Amplitude dieser Grundschwingung sind abhängig von Eigenschaften des Gefäßsystems, weniger von den Funktionen des Herzens. So spielt die

Elastizität der Adern wie auch die Körpergröße und damit die Länge der Adern eine Rolle.[37]

Gleichzeitig erfährt der Blutdruck auch Schwankungen im Rhythmus der Atmung. Bei körperlicher Ruhe fällt die abfallende Phase und das «Wellental» mit der Einatmung, die ansteigende Phase und der «Wellenberg» mit der Ausatmung zusammen.

Weiterhin lassen sich Blutdruckschwankungen finden, die langsamer sind als die mit der Atmung verbundenen Schwankungen. Sie haben eine bevorzugte Periodendauer von 10 Sekunden und werden danach «10-Sekunden-Rhythmus» genannt. Diese Periodendauer wird in Ruhe mit einiger Konstanz eingehalten. Häufig wird dieser Rhythmus von den atemsynchronen Blutdruckwellen überlagert, so daß seine Bestimmung im Versuch schwierig ist; aber durch Veränderungen der Atmung kann sein eigenständiger Charakter nachgewiesen werden. [20, 21, 71] Es schwingen also verschiedene Blutdruckrhythmen gleichzeitig und überlagern sich. Eine Übersicht gibt Tabelle 2.

Tabelle 2:
Übersicht über die Blutdruckrhythmen in Ruhe

	mittlere Frequenz	mittlere Periodendauer
Arterielle Grundschwingung	150/min	0,4 sec
Puls	72/min	0,85 sec
Schwingungen im Atemrhythmus	17/min	3,5 sec
10-Sekunden-Rhythmus	6/min	10 sec

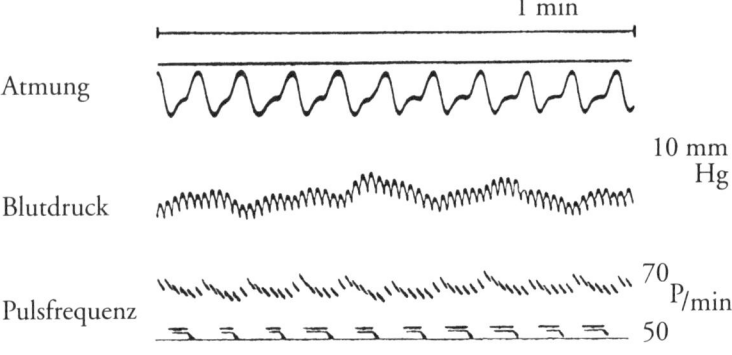

Ein Beispiel für die Registrierung der rhythmischen Schwankungen des Blutdruckes gibt Abbildung 2.

Berücksichtigt man nun noch, daß der Blutdruck auch tagesrhythmischen Veränderungen mit einem Abfall des Druckes in der Nacht (Minimum gegen 3 Uhr) und einem Anstieg am Tag (Maximum gegen 15 Uhr) unterliegt und vergegenwärtigt sich die Gleichzeitigkeit dieser beschriebenen Rhythmen, so wird die reiche Differenziertheit des Kreislaufgeschehens deutlich.

Die bis jetzt genannten Rhythmen betreffen die Verhältnisse in den größeren Arterien. Auch die Durchblutung der Peripherie vermittels kleinerer und kleinster Gefäße, wie zum Beispiel in den Gliedmaßen, ist rhythmischen Veränderungen unterworfen, und trotz großer Variationen sind tatsächlich bevorzugte Periodendauern vorhanden. Die Durchblutung der Skelettmuskulatur (Bewegungsmuskulatur der Gliedmaßen und des Rumpfes) weist rhythmische Schwankungen mit bevorzugten Periodendauern von 1 min auf, weshalb sie auch 1-Minuten-Rhythmus der peripheren Durchblutung genannt werden. Sie laufen in den Muskeln verschiedener Körperteile koordiniert ab.[20] Auch die Hautdurchblutung variiert in einem 1-Minuten-Rhythmus, der aber gerade gegensinnig zur Muskeldurchblutung verläuft (vgl. Abb. 7): Ist die Durchblutung im Muskel gerade hoch, so ist sie in der Haut niedriger. Im nächsten Augenblick kehrt sich das Bild um. Der Blutdruck pendelt gleichsam zwischen Körperoberfläche und dem inneren Muskelmenschen hin und her. Auch hierin ist wieder ein rhythmischer Wechsel zu erkennen. So besteht also nicht nur die rhythmische Durchblutungsschwankung im Gewebe selbst, sondern gleichzeitig ein rhythmischer Wechsel der Mehrdurchblutung zwischen Skelettmuskulatur einerseits und der Haut andererseits. Die Hautdurchblutung und auch die Durchblutung innerer Organe zeigen neben dem 1-Minuten-Rhythmus oft auch noch Rhythmen im Bereich von 30 Sekunden, die also doppelt so schnell sind. [37, 39]

So haben wir nun zunächst die rhythmischen Phänomene von Atmung und Kreislauf, die im Organismus stets gleichzeitig und als untereinander sich abstimmende Einheit ablaufen, einzeln dargestellt. Die Untersuchung gelingt ja am genauesten, wenn zuerst nur einzelne, möglichst exakt umschriebene Vorgänge herausgenommen und isoliert angeschaut werden. Danach aber ist die Betrachtung im Ganzen notwendig. Einen ersten Schritt dazu können wir tun, wenn wir die einzelnen, jetzt gut bekannten Rhythmen in ihren Verhältnissen zueinander ins Auge fassen. In einem weiteren Schritt setzen wir sie dann in ihr Verhältnis zum Gesamtorganismus.

G. Hildebrandt hat umfangreiche Untersuchungen zu den Beziehungen rhythmischer Phänomene untereinander durchgeführt, die im folgenden dargestellt werden sollen. Beginnen wir mit dem Verhältnis von Pulsfrequenz und Atemfrequenz. In Abbildung 3 sind die Ergebnisse eines Versuches dargestellt, bei dem an sieben in Ruhe liegenden Personen über den ganzen 24-Stunden-Tag hinweg dieses Verhältnis von Puls und Atmung bestimmt wurde. In der Abbildung

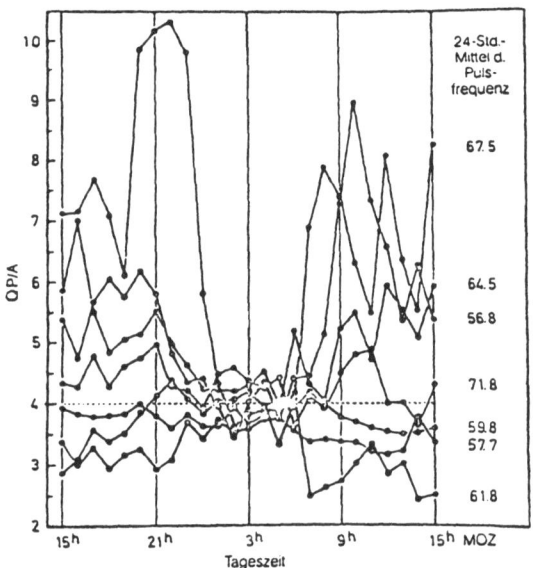

Abb. 3:
Individuelle Tagesgänge des Quotienten aus Puls- und Atemfrequenz bei
gesunden Versuchspersonen in Ruhe mit nächtlicher Normalisierung.
(Aus: G. Hildebrandt,[45] S. 5386, Abb. 3)

ist es als Verhältniszahl (Quotient P/A) eingetragen. Jede Linie zeigt
den Verlauf bei einer Versuchsperson in stündlicher Messung. Während des Tages wurden auffällig unterschiedliche Frequenzverhältnisse
vorgefunden. Sie lagen im Bereich zwischen 2,5 : 1 und 10,3 : 1.
Dabei hatten die Versuchspersonen individuell typischerweise jeweils
eher ein tieferes oder eher ein höheres Frequenzverhältnis. Nur in der
Nacht, nach einigen Stunden Schlaf, stellten sich alle in ähnlicher
Weise auf einen Wert von etwa 4 : 1 ein. Erst am Morgen wurde dieser
wiederum in einer für den einzelnen charakteristischen Richtung hin
zum individuellen Tageswert verlassen. Nur wenige Versuchspersonen
lagen auch den ganzen Tag über beim Verhältnis von 4 : 1.

Solche und ähnliche Versuche zeigten, daß das ganzzahlige Verhältnis 4 : 1 von Puls zu Atmung ein zugrundeliegendes Ordnungsprinzip ist. Diese Ordnung wird am stärksten in der Nacht, während der Erholung im Schlaf, erreicht (nächtliche Normalisierung), während sie bei den Anforderungen des Tages vielfach verlassen wird. Sie ist also durchaus labil. So gehört die Herstellung der Frequenzordnung zu den Ruhe- und Regenerationsvorgängen des Organismus im Schlaf.[52] Die Normalisierung erfolgt dabei weitgehend ohne Rücksicht auf unterschiedliche Pulsfrequenzen; die Ordnung der rhythmischen Vorgänge hat im Organismus offensichtlich Vorrang vor der Norm jeder Einzelfunktion.[39] Die nächtliche Herstellung der Ordnung ist Voraussetzung für eine gute Erholung. Wird eine Versuchsperson beispielsweise alle zwei Stunden aus dem Schlaf geweckt, so kann das 4 : 1-Verhältnis von Herzschlag und Atmung nicht richtig erreicht werden. Das hat zur Folge, daß sich die Person im Schlaf schlechter erholen kann.

Das Verhältnis von 4 : 1 ist auch die Voraussetzung für optimale Leistungen des Organismus. Bei Personen, die vor einer Belastung auch am Tage dieses Verhältnis natürlicherweise hatten, stellte sich nach Ende der Belastung die Pulsfrequenz am schnellsten und zielstrebigsten wieder auf den Bereich der Ausgangsfrequenz ein. Neben dem Verhältnis von 4 : 1 konnten weitere Optima der Regulation bei anderen ganzzahligen Verhältnissen gefunden werden. Das streng geordnete Zusammenspiel der beiden Rhythmen in Ruhe beeinflußt also auch die regulativen Leistungen und deren Dynamik bei Anstrengungen.[36, 52]

Diese günstige funktionelle Einstellung des Organismus kann durch verschiedene therapeutische Maßnahmen unterstützt werden. So kommt es zum Beispiel im Verlauf von Bäderkuren zu Annäherungen an den Wert von 4 : 1. Von ganz verschiedenen Ausgangslagen aus konvergieren die verschiedenartigsten Werte im Laufe zum Beispiel einer vierwöchigen Kurbäder-Behandlung bei der Mehrzahl der Kurpatienten auf den Quotienten von 4 (Abbildung 4). Aus dem Diagramm ist

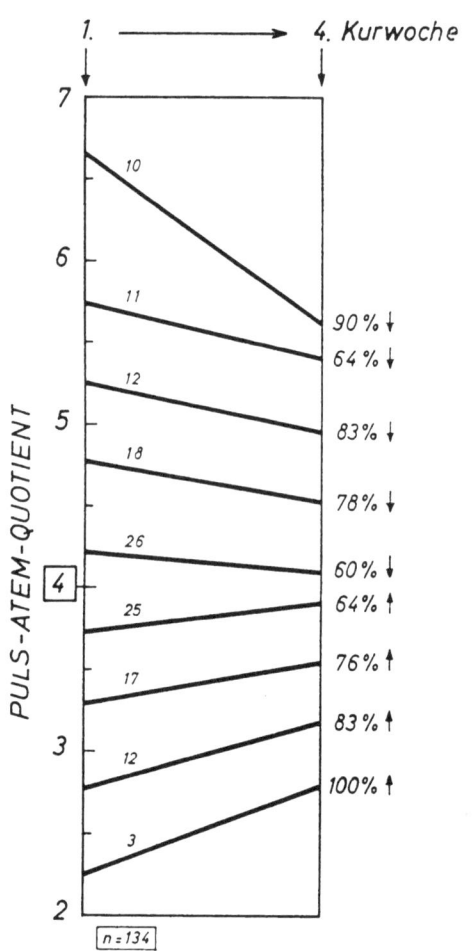

Abb. 4:
Veränderungen des Puls-Atem-Quotienten im Laufe von vierwöchigen
CO_2-Bäderkuren bei 134 Patienten. Die Zahlen innerhalb des Feldes geben
die Anzahl der jeweils zusammengefaßten Fälle an. Die Prozentwerte sagen aus,
wie hoch der prozentuale Anteil jeder Klasse war, der an der durchschnittlichen
Verlaufsrichtung teilnahm (das heißt sich auf den Puls-Atem-Quotienten von
vier zubewegte). (Aus: G. Hildebrandt,[32] S. 349, Abb. 16)

ersichtlich, daß gerade Patienten, die zu Beginn der Kur einen von 4 stark abweichenden Quotienten besaßen (6,7 oder 2,2), besonders gut mit einer Normalisierungstendenz ihrer Rhythmenlage auf die Kur reagierten (90 % bzw. 100 % der Kranken in der jeweiligen Klasse). Aber auch in den anderen Gruppen kam es in der Mehrzahl zu deutlichen Konvergenzen hin zum rhythmisch gesunden Wert von 4 : 1.

Aus dem Geschilderten wird ersichtlich, daß die sinnvolle Beeinflussung der rhythmischen Verhältnisse eine wichtige Grundlage für moderne medizinische Therapien im Sinne von Ordnungstherapien sein kann.[52]

Auch Atmung und 10-Sekunden-Rhythmus des Blutdruckes, zwei an sich völlig eigenständige Rhythmen, haben doch ganz bestimmte Beziehungen zueinander. Der normale Atemrhythmus in Ruhe ist etwa dreimal so langsam wie die durchschnittliche Frequenz des Blutdruckrhythmus. Zeichnet man fortlaufend den 10-Sekunden-Rhythmus und den Atmungsrhythmus gleichzeitig auf, so kann man bevorzugte Phasenabstimmungen, sogenannte Kopplungen, dieser beiden Rhythmen in ganzzahligen Verhältnissen beobachten. Bei unbeeinflußter Ruheatmung sind Frequenzverhältnisse von 2 : 1 oder von 3 : 1, in der Nacht auch von 4 : 1, zu finden.

Die Kopplungswirkungen dieser beiden Rhythmen aufeinander sind aber besonders gut zu bemerken, wenn der Atemrhythmus willkürlich verändert wird: Gibt man einer unbefangen atmenden Versuchsperson die Anweisung: «Bitte atmen Sie ganz langsam», so wird bevorzugt die Frequenz des 10-Sekunden-Rhythmus eingestellt. Wird die Atmung zu langsam, so verlängern sich zunächst auch die mitgeschriebenen Blutdruckwellen. Dann verkürzen sich aber die Atemperioden: Sie sind quasi zum 10-Sekunden-Rhythmus hingezogen, und die angestrebte Abstimmung wird durch diese wechselseitige Anbindung (Kopplung) bald erreicht und im weiteren Verlauf auch möglichst beibehalten.[20]

Die beiden Rhythmen streben also aufeinander zu und verlaufen schließlich synchron. Diese Koordinationen sind bei liegenden Personen straffer als bei stehenden.

Interessant ist auch der folgende Versuch: Läßt man eine Versuchsperson nach dem Metronom in einer für die Abstimmung ungünstigen Frequenz atmen, so wird der 10-Sekunden-Rhythmus im Blutdruck ungleichmäßig, weil ihm die Einstellung zur Atmung nicht gelingt. Phasen von Koordination wechseln dann ab mit solchen weitgehender Loslösung von der Atmung. Fordert man die Person auf, schnell zu atmen, kann sich bei ihr zum Beispiel auch ein Verhältnis von 4 : 1 zwischen Atmung und 10-Sekunden-Rhythmus einstellen.[20] All diesen Funktionen des Organismus liegt also offensichtlich das Prinzip der Ordnung in ganzzahligen Verhältnissen zugrunde. Es ist aber auch hier deutlich, daß dieses Prinzip zwar angestrebt wird und den Rhythmen als Ideal zugrunde liegt, daß diese Verhältnisse aber keineswegs immer verwirklicht sind.[35] Wir sehen: Der gelebte Rhythmus steht immer zwischen Chaos und strenger Ordnung.

Betrachten wir jetzt noch ein drittes Beispiel für die Abstimmungen, das diesmal rein im Bereich der Kreislaufrhythmen bleibt: Die Periodendauern von Pulsrhythmus, also Herzaktion, und arterieller Grundschwingung bevorzugen bei gesunden Personen ein ganzzahliges Verhältnis von 2 : 1. Sportlich trainierte Erwachsene haben oft eine recht strenge Abstimmung und neigen ihrerseits wegen der langsamen Herztätigkeit zu einem Verhältnis von 3 : 1.

Diese Abstimmungen erscheinen besonders sinnvoll, denn der Herzschlag fügt sich so jeweils in eine besonders günstige Phase des schwingenden arteriellen Systems ein, so daß dessen Rhythmik nicht gestört, sondern im Gegenteil neu angeregt wird. Der Blutstrom aus dem Herzen fällt bei gesunden, leistungsfähigen Personen fast immer phasengerecht in die arterielle Grundschwingung ein. Wie beim Anstoßen einer Schaukel ist auch hier der rechte Moment das Hilfreiche. Damit sind das Herz und seine großen, von ihm ausgehenden Arterien ein eng verbundenes, voll aufeinander abgestimmt schwingendes Ganzes.

Diese Verhältnisse können nun gerade bei Kreislauferkrankungen gestört sein, so daß sich ein ganzzahliges Verhältnis nicht so recht einstellt. Bei Patienten mit Herzfehlern, die aber der Organismus auszugleichen gelernt hat (kompensiert), konnte dagegen wieder ein Überwiegen ganzzahliger Frequenzverhältnisse gefunden werden, das heißt, hier war im Zuge der Kompensierung wieder eine harmonische Abstimmung der Rhythmen von Herz und Arteriensystem möglich. Die Ermittlung dieses Quotienten kann damit in der medizinischen Praxis ein guter Indikator für die jeweiligen Kreislaufverhältnisse sein.[15] Wir wollen uns das Beispiel eines 15jährigen Jungen betrachten: Er litt an einer Verengung des Gefäßhohlraumes (Stenose) in der Aorta. In einer Operation wurde das mechanische Hindernis beseitigt. Die arterielle Grundschwingung, die vor der Operation im Puls fehlte, trat schon kurz nach der Korrektur auf, jedoch betrug das Verhältnis der Periodendauer von Puls und arterieller Grundschwingung noch fünf Monate nach der Operation 1,5 : 1. Die funktionellen Umstellungen auf die neuen Kreislaufverhältnisse dauerten fast ein ganzes Jahr. Erst dann erreichte der Organismus des Jungen die volle körperliche Leistungsfähigkeit. 19 Monate nach der Operation betrug das Verhältnis zwischen Puls und der jetzt kräftig ausgebildeten Grundschwingung 2,04 : 1, und bei einer Kontrolle des Patienten dreißig Monate nach seiner Operation – er befand sich in gutem Allgemeinzustand – lag der Wert bei 1,95 : 1.[20]

G. Hildebrandt stellte die hier besprochenen Hauptrhythmen von Atmung und Kreislauf in einer Graphik so dar, daß man die Verhältnisse, die sie zueinander einnehmen, erkennen kann (Abb. 5). Dabei sind nicht nur die Idealwerte ablesbar, sondern in der Häufigkeitsverteilung auch ihre weiteren Schwankungsbreiten. Der Graphik liegen Bestimmungen in Ruhe bei größeren Personengruppen zugrunde. Es wird deutlich, daß alle diese Rhythmen eine relativ große Variationsbreite haben, daß es aber gleichzeitig bei allen einen Bereich gibt, der am häufigsten gefunden wird, die Ruhenormen. Sie sind gleichzeitig die Vorzugsfrequenzen. Diese Vorzugsfrequenzen stehen ganz auffallend in einfachen, ganzzahligen Verhältnissen zueinander.[52]

Wir haben bei der Beschreibung dieser Rhythmen schon gesehen, daß die Ordnung im Kreislaufsystem labil ist. Gerade dadurch ist es aber in der Lage, bei den verschiedenartigen Leistungsanforderungen

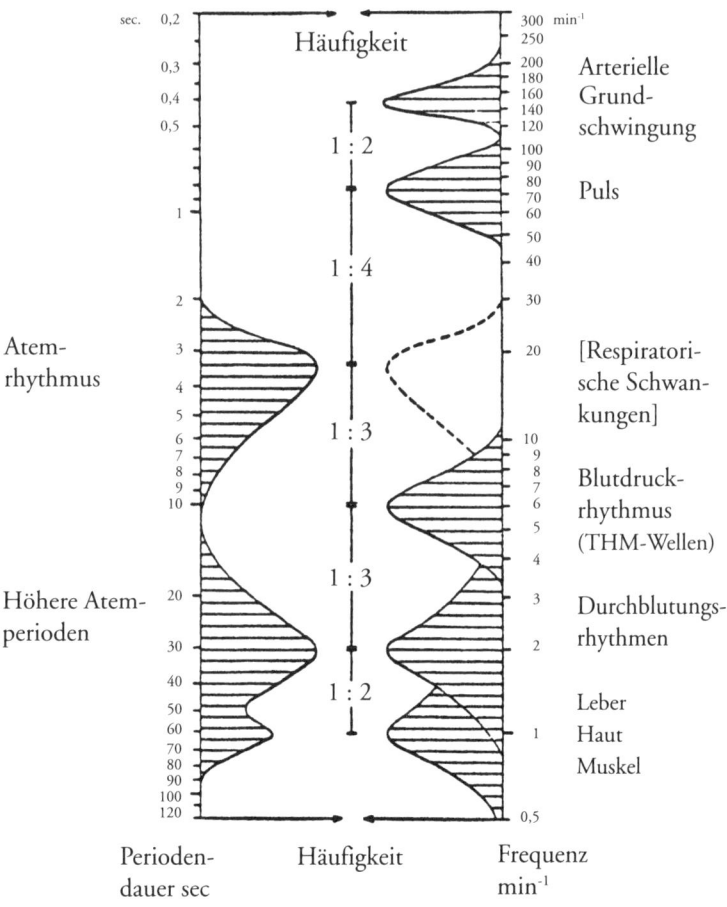

Abb. 5:
Verhältnisse der Atmungs- und Kreislaufrhythmen zueinander. Die Häufigkeitsverteilungen der Frequenz bzw. Periodendauer sind von beiden Seiten im logarithmischen Maßstab zur Mitte hin aufgetragen, links die Rhythmen der Atmung, rechts die Kreislaufrhythmen. In der Mitte sind die ganzzahligen Verhältnisse notiert, die die Ruhenormen zueinander einnehmen. (Aus: G. Hildebrandt,[52] S. 14, Abb. 5)

des Lebens sehr flexibel zu reagieren. Dabei wird nicht nur die Frequenz, sondern auch die Stärke des Ausschlages, also die Amplitude der Rhythmik, variiert. Der Rhythmus verläßt dann seine in Ruhe angestrebte Grundordnung. Selbst in Ruhe schlägt das Herz nie absolut gleichmäßig. Neuere Untersuchungen[17] haben gezeigt, daß ein zu regelmäßig schlagendes Herz sogar gesundheitsgefährdender ist, als wenn es abwechslungsreich schlägt: «Ein gesundes Herz tanzt, ein sterbendes marschiert.»

G. Hildebrandt schreibt zusammenfassend: «Hier stoßen wir also auf ein ganzes System harmonischer Zeitordnungen, eine rhythmische Funktionsordnung, deren Zustand die regulatorischen Leistungen offenbar maßgeblich beeinflußt. Sie ist zwar recht labil und leicht störbar, weil ein Teil der Funktionen, wie zum Beispiel Puls- und Atemrhythmus, durch Leistungsbeanspruchung leicht auszulenken sind. Dafür wird sie aber in Ruhe und vor allem im Schlaf immer wieder verwirklicht.»[39]

Leistungsanforderungen an den Organismus entstehen schon durch alle normalen Tätigkeiten am Tage in unterschiedlichstem Ausmaße. Komplizierte Regulationen sorgen dann für eine sehr genaue Einstellung auf den jeweiligen Bedarf. Dabei kann der Organismus mitunter neue rhythmische Ordnungen anstreben, um in ökonomisch günstigen Bereichen zu arbeiten. Die rhythmischen Funktionen werden dabei quasi aus ihrer Ordnungsbindung entlassen; sie werden freier, um den jeweiligen Anforderungen folgen bzw. sich anderen Zeitordnungen, wie zum Beispiel den Körperbewegungen, eingliedern zu können. So entsteht eine selbst wieder rhythmisch wechselnde Polarität von Leistungsfreiheit und Ordnungsbindung.

Diese Zusammenhänge sind die empirisch ermittelten funktionellen Grundlagen dessen, was R. Steiner 1922 in seinem Entwurf des «Atem-Blutkreislauf-Systems» (oft von ihm auch «rhythmisches System» oder «mittleres System» genannt) erstmals aufzeigte.[92] Weiteres dazu soll in einem späteren Kapitel (1.4.) behandelt werden.

1.2.
Die schnellen Rhythmen des Nervensystems

Bei den beschriebenen Kreislaufrhythmen handelt es sich um Frequenzbereiche von etwa 200/min bis zu 1/min. Darüber hinaus gibt es im Organismus jedoch auch rhythmische Erscheinungen mit noch wesentlich höheren Frequenzen (bis zu 1000/sec): die Erregungsabläufe der Nerven. Wir wollen sie hier aber nur kurz vorstellen. (Genauere Beschreibungen dieser Rhythmen unter dem Aspekt der Chronobiologie finden sich bei L. Rensing.[75])

Nervenzellen und Sinneszellen sind spezialisiert auf kurzfristige, sehr schnell ablaufende Veränderungen der elektrischen Ladung an ihren Membranen, ihren Hüllen. Solch eine Potentialänderung bezeichnet man als Erregung der Zelle. Sie kann entlang der Nervenbahnen weitergeleitet werden. Nun kommt es eigentlich nie zu einzelnen solcher Erregungen, sondern es laufen immer ganze Salven davon ab, wobei die Schnelligkeit der Abfolge, und damit also die Frequenz, sehr unterschiedlich sein kann, das heißt, sie kann frei variiert werden. Und gerade darin besteht die besondere Bedeutung: Die Erregungen enthalten ganz bestimmte «Botschaften», je nachdem, mit welcher Frequenz sie ablaufen. Wird zum Beispiel ein Schmerzfühler in der Haut ein wenig gereizt, so gehen von ihm Erregungen mit niedriger Frequenz über die Nervenbahnen zum Gehirn. Werden sie dagegen stark gereizt, so erhöht sich die Frequenz dieser Erregungen deutlich.

Diese erregbaren Zellen bilden die funktionelle Grundlage für das gesamte Nerven- und Sinnessystem (Gehirn, Rückenmark, peripheres Nervensystem, Sinnesorgane). Außerdem gehören zu dieser Gruppe die Muskelzellen, deren Membranen ebenfalls erregbar sind.

Die Vermittlung der «Botschaften» in diesen Zellen erfolgt also über die Frequenz der Erregungen, welche dazu sehr variabel ist und stufenlos, also gleitend, verändert werden kann. Jede einzelne Erregung ist aber im Amplitudenausschlag stets gleich groß. Entweder spricht eine Nervenzelle in ihrem elektrischen Membranpotential ganz an oder gar nicht (Alles-oder-nichts-Gesetz). Diese kurzzeitigen Rhythmen sind in ihrer Amplitude immer gleich, aber ihre Frequenz ist frei variabel. Damit sind die Rhythmen des Nerven- und Sinnessystems amplitudenstabil und frequenzmoduliert. Die Frequenzmodulation ist die Grundlage der Vermittlungsfunktionen im gesamten Nerven-Sinnessystem. Funktionsbelastungen führen mithin zu umfangreichen Änderungen der Rhythmik in ihren Frequenzen.

Verdeutlichen wir uns dies an einem Beispiel aus der Sinnesphysiologie: Unsere Temperaturempfindung an der Haut wird durch bestimmte Sinneszellen, die sogenannten Thermorezeptoren, ermöglicht. Es gibt getrennte Kalt- und Warmrezeptoren, die in der Haut verteilt sind und leicht mit einer warmen und kalten Nadelspitze ermittelt werden können. Diese Organe haben eine Rhythmik spontaner Erregungen bei einer gleichbleibenden Hauttemperatur. Ändert sich die Temperatur, wird diese spontane Rhythmik in ihrer Frequenz stark variiert. Die Erregungen, also sowohl die spontanen als auch die frequenzveränderten, gelangen über die sensiblen Bahnen zum Gehirn und ermöglichen schließlich die entsprechende Empfindung. Der Sinneseindruck wird also durch eine Veränderung der Erregungsrhythmik vermittelt.

1.3.
Die Rhythmen von Ernährung und Verdauung

Wir hatten von den mittelwelligen Rhythmen bisher diejenigen der Atmung und des Kreislaufs besprochen. Auch die Rhythmen des Stoffwechselsystems gehören im erweiterten Sinne zu diesem Bereich. Rhythmische Phänomene finden wir hier besonders bei der Verdauungstätigkeit von Magen und Darm. In regelmäßigen Abständen ziehen sich diese Organe muskulär zusammen und weiten sich wieder. Dadurch wird der Speisebrei sowohl durchmischt als auch weiterbefördert. Schon vor sechzig Jahren wurde die Magenmotorik beim

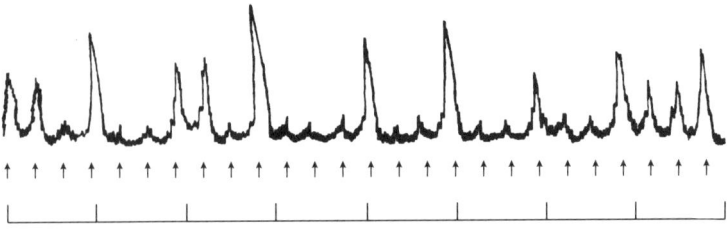

Abb. 6:
Die Magenbewegungen beim Menschen: Druckschreibung mit einem
kleinen luftgefüllten Ballon im Magen. (Aus: K. Golenhofen[19])

Menschen mit einfachen Techniken studiert. Mit kleinen Ballons im Magen registrierte man seine Bewegungen (siehe Abb. 6). Die auffälligste Form dieser Bewegungen ist die sogenannte Peristaltik, eine regelmäßige Zusammenziehung des Organs, die für den Weitertransport des Mageninhaltes sorgt. Die einzelnen Wellen sind verschieden stark, aber die Frequenz, mit der sie kommen, ist mit 3/min sehr stabil.[19] Diese Peristaltik beginnt meist im oberen Teil des Magens und wandert nach unten, über das ganze Organ hinweg, bis zum Magenpförtner, dem Ausgang des Magens zum Dünndarm. Der obere Bereich, von dem die Bewegung ausgeht, arbeitet als Impulsgeber, also als «Schrittmacher» für die sich dann fortsetzende Bewegung.

Neben diesen peristaltischen Wellen des Magens kann man langsamere Wellen finden, die sogenannten minutenrhythmischen Tonusschwankungen (Frequenz 1/min). Die Peristaltik des Magens steht damit zu diesem 1-Minuten-Rhythmus im Verhältnis von 3 : 1.

Bei langen Messungen findet man die noch langsameren Aktivitätsschwankungen im Stundenbereich. Diese sogenannten Stundenwellen wurden in der älteren Literatur auch als Hunger-Kontraktionen bezeichnet. Neuere Untersuchungen zeigten, daß sich diese stundenrhythmischen Aktivitätskomplexe langsam vom Magen über den ganzen Dünndarm hinwegbewegen.[19]

Am Beispiel des Magens finden wir hier nun ein Prinzip wieder, das

36

uns schon bei den Kreislaufrhythmen begegnet ist: Es gibt in einem Organ Rhythmen verschiedener Frequenzen gleichzeitig, die sich überlagern. Beim Magen sind es also:

Tabelle 3:
Übersicht über die Magenrhythmik

Frequenz:

Peristaltik 3/min

minutenrhythmische Tonusschwankungen 1/min

Stundenwellen ~ 1/Std.

Die Rhythmik des Dünndarmes (Segmentationsrhythmik), mit der ein flüssigerer Inhalt befördert wird als mit derjenigen des Magens, hat mit 12/min eine höhere Frequenz. Es fällt auf, daß Magenrhythmik und Darmrhythmik in einem Frequenzverhältnis von 1 : 4 stehen. Leider gibt es über die Zusammenhänge im einzelnen bisher keine ausführlicheren Untersuchungen.

Folgendes Beispiel aus der Medizin kann zeigen, wie wichtig der geordnete Ablauf der rhythmischen Funktionen auch im Verdauungstrakt ist: Ein fünf Monate alter Säugling litt an Störungen der Magenentleerung, also an einem Magenpförtnerkrampf, mit massiver Magenerweiterung und ständigem Erbrechen. In zwei Operationen versuchte man, den Magenausgang zu erweitern – ohne Erfolg. Bei einer dritten Operation wurde der freigelegte Magen elektrophysiologisch untersucht, und man fand einen abnormen, zusätzlichen Schrittmacher mit hoher Eigenfrequenz von 5/min. Dadurch waren keine geordneten Kontraktionen möglich, die Rhythmik war gestört. Ein Teil des Magens mit dem entarteten Schrittmacher wurde entfernt, was schließlich zu einer weitgehenden Heilung führte: «Mit dankbarer Bewunderung wird einem dabei bewußt, wie großartig im Magen eine Vielzahl von komplizierten Prozessen zusammen wirken und so dafür sorgen, daß wir von unseren Magenfunktionen nichts merken» – so das Fazit, das K. Golenhofen aus diesen Beobachtungen zog.[19]

Die rhythmischen Bewegungen von Magen und Darm, die also für die Durchmischung und den Weitertransport des Speisebreis sorgen, werden durch einen speziellen Muskeltyp, die sogenannte glatte Muskulatur (im Gegensatz zur quergestreiften, willkürlich bewegbaren Skelettmuskulatur), bewirkt. Sie ist außerdem in vielen anderen unbewußt arbeitenden Organen vertreten, so zum Beispiel in den Wänden der Blutgefäße, wo sie unter anderem Veränderungen der Gefäßeinstellung bewirkt und somit zu den verschiedenen Typen der Druck- und Durchblutungsschwankungen im Kreislauf beiträgt (siehe Kap. 1.1.), in der Gallenblasenwand, in den harnableitenden Wegen, in den Geschlechtsorganen (die ganze Muskulatur des Uterus ist glatte Muskulatur!) und in einer Reihe weiterer Organe. Typisch ist ihre auffällig langsame Verkürzung (Kontraktion) und die Möglichkeit, darin zu verharren.

Tabelle 4:
Übersicht über das Vorkommen glatter Muskulatur
im Körper des Menschen

gesamter Magen-Darm-Trakt
Gallenblase
Blutgefäße
Geschlechtsorgane
harnableitende Wege
tiefe Atemwege
im Auge der Augeninnenmuskel (Ciliarmuskel)
an Haaren und Drüsen

K. Golenhofen hat bei seinen umfangreichen Untersuchungen immer wieder die Minutenrhythmik (Frequenz = 1 Kontraktion in der Minute) als fundamentale rhythmische Erscheinung der glatten Muskulatur gefunden.[18, 19, 20, 22] Obwohl die glatte Muskulatur in den ver-

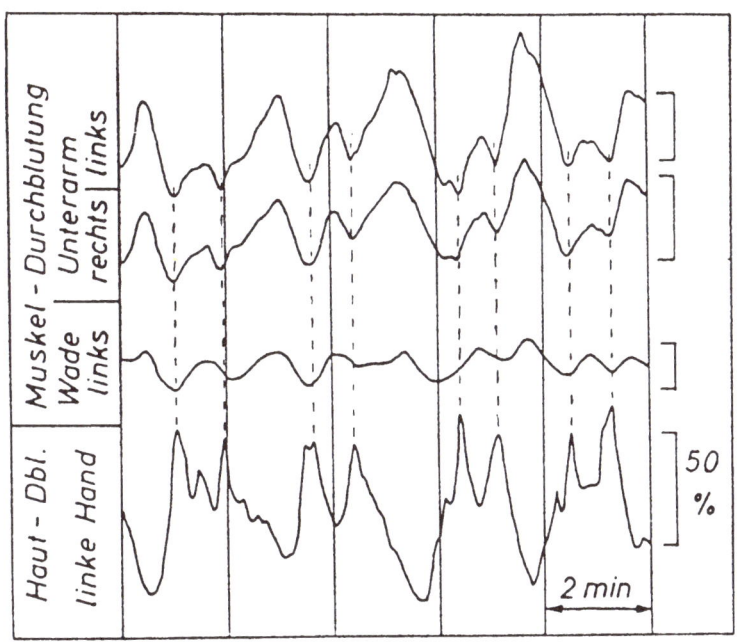

Abb. 7:
Aufzeichnung der Muskeldurchblutung und der Hautdurchblutung beim
Menschen in Ruhe. (Aus: G. Hildebrandt,[37] S. 207, Abb. 2)

schiedensten Organen, in denen sie zu finden ist, eine Reihe von
organspezifischen Eigenheiten der Rhythmik zeigt, ist der Minutenrhythmus immer wieder nachzuweisen. Im Kapitel über die Kreislaufrhythmen ist uns schon einmal ein Beispiel aus diesem Bereich begegnet: Der Rhythmus der peripheren Durchblutung hat eine Frequenz
von 1/min (zum «1-Minuten-Rhythmus» siehe S. 25). Da glatte
Muskulatur für den Gefäßwiderstand verantwortlich ist, führt deren
Aktivitätswechsel im Minutenrhythmus zu den regelmäßigen
Schwankungen der Durchblutung.

39

Abbildung 7 gibt ein Beispiel dazu. In den oberen drei Kurven wurde die Muskeldurchblutung in verschiedenen Körperpartien registriert, in der unteren Kurve gleichzeitig die Hautdurchblutung. Hier ist deutlich die 1-Minuten-Rhythmik zu sehen. Außerdem erkennt man, wie Muskel- und Hautdurchblutung in einander gegensinnigen Rhythmen verlaufen, was schon im Kapitel über die Kreislaufrhythmen besprochen wurde. Die 1-Minuten-Rhythmik ist also das funktionelle Grundphänomen der glatten Muskulatur. Ihr liegt ein recht frequenzstabiler Oszillator zugrunde, der durchaus im Rahmen einer umfassenden Zeitordnung des Organismus so etwas wie ein Haltepunkt sein kann, gewissermaßen der Minutenzeiger unserer inneren Uhr.[19] Die anderen rhythmischen Erscheinungen überlagern sich in den jeweiligen Organen diesem Basisrhythmus und sind an die spezifischen Bedürfnisse der jeweiligen Organfunktionen angepaßt.

Besonderes Kennzeichen der ganzen glattmuskulären Rhythmen ist ihre Frequenzstabilität, das heißt, sie schwingen mit einer gewissen Konstanz in ihrer Grundrhythmik. Variabel dagegen ist die Stärke der jeweiligen Kontraktionen. Muß die Frequenz bei funktionellen Belastungen aber doch einmal geändert werden, bevorzugen sie ganzzahlige Vielfache dieses Grundrhythmus. Sogar bei operativ isolierten Muskelstücken im Versuch wird zunächst der typische Grundrhythmus beibehalten. Ändert sich die Rhythmik spontan oder durch experimentelle Einwirkungen, springt der Muskel in eine Frequenz, die auch wieder in einem ganzzahligen Verhältnis dazu steht.[22]

Wir haben es hier also mit einem wesentlichen Unterschied gegenüber den Rhythmen des Nervensystems zu tun: Während die einzelnen rhythmischen Aktionen im Nervensystem immer gleich stark, aber in der Frequenz modulierbar sind, ist es hier gerade umgekehrt: Relativ stabile Frequenzen bei variabler Amplitude herrschen vor. Reize führen im Nervensystem zu *gleitenden* Frequenzreaktionen, Funktionsbelastungen des Verdauungssystems zu *sprunghaften* Frequenzänderungen, indem ganz bestimmte Vorzugsfrequenzen eingehalten werden, die durch ihre ganzzahligen Verhältnisse zur Grundfrequenz mit dieser in weitgehender Abstimmung bleiben.[46]

1.4.
Das dreigegliederte System der inneren Rhythmen

Mit den bisherigen Darstellungen haben wir einen Gang durch die kurzwelligen und die mittelwelligen Rhythmen des menschlichen Organismus unternommen. Betrachtet man nun die Gesetzmäßigkeiten dieser beschriebenen Rhythmen nebeneinander, so kann man sie, wie es in Abbildung 8 graphisch dargestellt ist, eben jenen drei Bereichen zuordnen, die R. Steiner in seinem Entwurf von der Dreigliederung des menschlichen Organismus unterscheidet.[92]

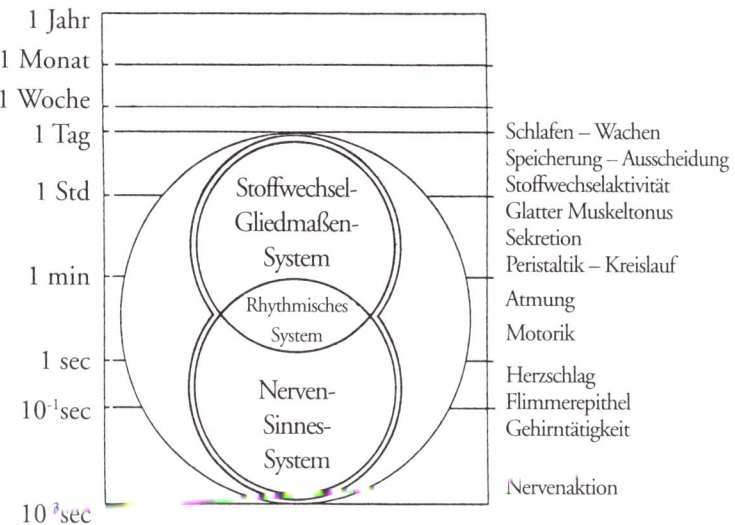

Abb. 8:
Das dreigegliederte System der inneren Rhythmen des Menschen.
(Aus: G. Hildebrandt,[52] S. 10, Abb. 2)

41

Er stellt dem Nerven-Sinnes-System des Menschen auf der einen Seite das Stoffwechsel-Gliedmaßen-System auf der anderen Seite gegenüber. Das Nerven-Sinnes-System hat sein Zentrum im Kopf des Menschen. Hier häufen sich die Sinnesorgane, und das Gehirn bildet das Zentrum des Nervensystems. Dieses greift von hier zu allen übrigen Körperteilen aus, indem es den gesamten Organismus mit seinen Nervenbahnen durchdringt. Das Stoffwechsel-Gliedmaßen-System ist dagegen eher im unteren Menschen lokalisiert. Die Organe der Bauchhöhle sorgen für die Zerlegung von Nahrung, so daß aus den Bestandteilen körpereigene Substanz neu aufgebaut werden kann. Genaugenommen durchdringt auch das Stoffwechsel-System den ganzen Organismus, denn Stoffwechsel findet in jeder lebenden Zelle statt, auch wenn dies nicht überall ihre Hauptaufgabe ist. So hat zum Beispiel auch eine Nervenzelle ihren Stoffwechsel.

Zwischen dem Nerven-Sinnes-System und dem Stoffwechsel-Gliedmaßen-System vermittelt das Atem-Blutkreislauf-System (rhythmisches System), dessen Zentrum in der Brustregion mit Lunge und Herz liegt. Beides sind rhythmisch pulsierende Organe, die ihrerseits wiederum vielfältig in den gesamten Organismus hineinwirken: Das Blut bewegt sich pulsierend vom Herzen aus in sämtliche Körperteile hinein und transportiert dabei den in der Lunge aufgenommenen Sauerstoff bis zu jeder Zelle.

Diese gegenseitige Durchdringung der drei so unterschiedlichen Systeme führt dazu, daß die beschriebene Dreiheit im Prinzip in jedem Organ, in jedem Teilbereich des Organismus wiederum aufgefunden werden kann, wobei aber entsprechende Schwerpunkte, je nach Funktion und Aufgabe, vorhanden sind.

Die Abbildung 8 zeigt nun, wie die empirisch gefundenen rhythmischen Gesetzmäßigkeiten jeweils charakteristisch den drei Gliedern des menschlichen Organismus angehören.[52]

Die hochfrequenten rhythmischen Vorgänge im Bereich des Nervensystems sind extrem frequenzlabil, ja, ihre Funktion besteht in der gleitenden Änderung der Frequenzen. Sie bilden damit die physische

Grundlage für Sinneswahrnehmung, Vorstellungsprozesse und andere nervale Funktionen.

Die langsamen Rhythmen des Stoffwechselsystems dagegen dienen der Stoffaufnahme, der Verdauung, der Ausscheidung und der Bereitstellung von Stoffwechselenergie. Hier zeichnen sich die Rhythmen durch eine hohe Frequenzstabilität aus, die bei Leistungsanforderungen lediglich sprunghaft zwischen bevorzugten, in ganz bestimmten Verhältnissen zum Grundrhythmus stehenden Frequenzgrößen gewechselt werden. Gleitende Frequenzveränderungen gibt es praktisch nicht.

Diese beiden Bereiche stehen sich also polar gegenüber. Das Atem-Blutkreislauf-System (rhythmisches System) hat nun die Vermittlerrolle zwischen diesen beiden Polen. Das drückt sich unmittelbar in seinen Gesetzmäßigkeiten aus: Zunächst liegt ihm eine genaue Ordnung zugrunde, die die Rhythmen zueinander einhalten. Diese Ordnung ist hier aber sehr labil und wird bei Belastungen sofort verlassen. Innerhalb gewisser Grenzen sind die Rhythmen hier variabel und können ihre Frequenzen mit gleitenden Übergängen auf die jeweiligen Anforderungen einstellen. In Ruhe aber, am deutlichsten während des Schlafes, wird diese Frequenzordnung wieder angestrebt. G. Hildebrandt charakterisiert treffend die ausgleichende Funktion des Atem-Blutkreislauf-Systems: «Das Zentrum des rhythmischen Systems muß also auch in bezug auf das Leistungsverhalten der Rhythmen eine polare Spannung zwischen dem Nerven-Sinnessystem und dem Stoffwechsel-Bewegungssystem ausgleichen, zwischen einer Zeitstruktur, die von den einfließenden unregelmäßigen Einwirkungen aus der Umwelt und aus dem Wachbewußtsein mit hohen Freiheitsgraden ständig frequenzmoduliert wird, und einer anderen, deren Rhythmen streng an eine vorgebildete harmonisch-musikalische Ordnung gebunden sind.»[52]

2.
Der Mensch im Tagesrhythmus

2.1.
Der biologische Tag

Der wohl auffälligste Rhythmus, in den Pflanze, Tier und Mensch gleichermaßen eingebunden sind, ist der Tagesrhythmus. Für den Menschen ist der Wechsel von Tag und Nacht und damit von Wachen und Schlafen lebensbestimmend. Auch der Tagesablauf selbst besteht aus verschiedenen Phasen, die sich jeden Tag in ähnlicher Weise wiederholen; der Morgen hat eine andere Qualität als der Nachmittag und der Abend. Die umfangreichen Veränderungen im Tagesrhythmus betreffen sowohl die Körperfunktionen als auch die seelischen und geistigen Grundvorgänge.

Bei den Tieren ist das Verhalten im Tagesrhythmus je nach Tierart und Lebensraum natürlich sehr unterschiedlich. So führen zum Beispiel die tagaktiven Tiere ein anderes Leben als die nachtaktiven. Nahrungsaufnahme, Fortpflanzung und alle sonstigen physiologischen Funktionen sind eng mit dem Tageslauf verknüpft.

Ebenso offensichtlich leben die Pflanzen im Rhythmus der Tagesabläufe. Mit dem Aufgang der Sonne beginnen Photosynthese und Wachstum. Viele Pflanzen, am auffälligsten die Schmetterlingsblütler und andere eng verwandte Leguminosen (Mimosen, Caesalpiniaceen), führen tagesperiodische Blattbewegungen durch. Einige Blumen öffnen ihre Blüten zu jeweils ganz bestimmten Zeiten des Tages. Dieses Geschehen hat schon C. von Linné 1751 in seiner

Abb. 9:
Eine Darstellung der Blumenuhr nach C. v. Linné 1751.
(Aus: Moore-Ede / Sulzmann / Fuller[65])

«Blumenuhr» zusammengestellt. In der zeitlichen Reihenfolge räumlich angeordnet, steht jede Blume für eine bestimmte Tageszeit (Abb. 9). Ein schönes Beispiel ist auch die Nachtkerze, die genau bei Einbruch der Dämmerung ihre leuchtend gelben Blüten aufspringen läßt. Die Organismen sind also mit zum Teil umfangreichen Veränderungen in den Tageslauf eingegliedert.

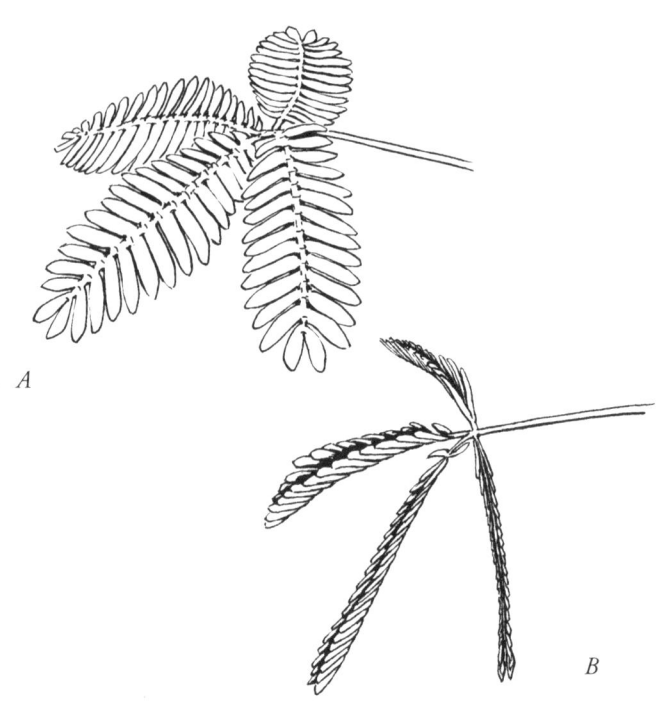

Abb. 10:
Die Sinnpflanze (Mimosa pudica).
A: Blattstellung am Tage; B: Blattstellung in der Nacht.
(Aus: R. R. Ward,[94] S. 43, Abb. 5)

Die Chronobiologie stellte sich nun die Frage nach den besonderen Gesetzmäßigkeiten dieses Rhythmus und fand, daß alle Organismen (außer den kernlosen Bakterien und Viren) eine Tagesrhythmik ausgebildet haben, die nicht einfach von außen angestoßen wird, sondern der ein innerer Rhythmus von ungefähr 24 Stunden Phasenlänge zugrunde liegt (Exo-Endo-Rhythmus, siehe Kapitel 1). Erste Beobachtungen dazu konnten schon im 18. Jahrhundert an Pflanzen gemacht werden, die im sogenannten Dauerdunkel gehalten wurden.

Der französische Astronom Jean-Jacques Dortous de Mairan beobachtete im Jahre 1729 Blattbewegungen von Mimosen, die ihre Blätter und Stengel bei Sonnenuntergang auf dieselbe Weise zusammenlegen, wie wenn man die Pflanzen berührt oder bewegt (Abb. 10). Hielt er seine Pflanze aber ständig an einem dunklen Ort – J. D. de Mairan benutzte dazu seinen Wandschrank –, waren die Bewegungen kaum weniger ausgeprägt. Auch dort öffnete sie sich während des Tages und legte sich abends wieder für die Nacht zusammen.[94] Bei Fehlen des Hell-Dunkel-Wechsels und auch ohne den Wechsel von höherer und niedrigerer Temperatur setzten sich die jeweiligen tagesperiodischen Veränderungen fort.

Auch für die Tiere ist heute klar, daß der Tagesrhythmus endogen veranlagt ist. Werden im Versuch die Bedingungen der Umgebung wie etwa die Lichtverhältnisse, die Temperatur usw. konstant gehalten, leben sie weiterhin in einer etwa 24stündigen Periodik. Da aber bei allen in ähnlicher Weise untersuchten Organismen dieser Rhythmus nur ungefähr dem 24-Stunden-Tag entspricht und entweder etwas länger oder etwas kürzer ist (meist zwischen ca. 22 und 28 Stunden), prägte man für dieses Phänomen den Ausdruck «circadiane Rhythmik» (lat.: circa = ungefähr; dies = Tag).

Daneben gibt es aber auch manche tagesperiodischen Phänomene, die ganz oder überwiegend durch Ereignisse in der Umwelt entstehen (Exo-Rhythmen), wie zum Beispiel das vom Temperaturwechsel verursachte Öffnen und Schließen von Tulpenblüten.[11] Es kann durch das Experiment geklärt werden, was einer tagesperiodischen Erscheinung zugrunde liegt: Ein circadianer Eigenrhythmus wird unter konstanten Bedingungen weiterlaufen.

Die circadiane Organisation ist bei den Lebewesen sehr weit verbreitet, ja, man kann heute davon ausgehen, daß alle Tiere und alle grünen Pflanzen, einschließlich der Einzeller unter ihnen, eine circadiane Rhythmik haben.[11]

Selbst in isolierten Organen, Geweben und Gewebekulturen wurden circadiane Rhythmen gefunden. So haben bei Pflanzen isolierte Blätter, Blatteile, halbierte Blattgelenke, Bruchteile von Blütenblättern, lebende Kartoffelstückchen usw. noch circadiane Schwankungen, das heißt Schwingungen von Atmung, Wachstum und Zellinnendruck (Turgor). Entsprechendes gilt für tierische Organe und Gewebe. Durch Untersuchungen an Zellkulturen von Pflanzen ist nachgewiesen worden, daß sich die circadiane Rhythmik von Vielzellern auch in ganz voneinander getrennten Zellen fortsetzen kann. Bereits in der einzelnen Zelle sind also alle Voraussetzungen für eine circadiane Rhythmik gegeben.[11]

Wenn nun der endogene Tagesrhythmus nur ungefähr dem 24-Stunden-Rhythmus entspricht, muß er mit dieser normalen Tageslänge in Einklang gebracht werden. Dafür sind sogenannte «Zeitgeber» nötig: Als Zeitgeber sind Einflüsse aus der Umwelt wie zum Beispiel Licht- oder Temperaturwechsel wirksam, die den circadianen Rhythmus jeden Tag auf die genaue 24stündige Periodik korrigieren. Sie verändern also die Phasenlänge des ansonsten frei laufenden Tagesrhythmus in dem Maße, wie Zeitgeber und endogener Rhythmus sich in ihren Phasenlängen sonst unterscheiden. Bei Pflanzen und Tieren sind die wichtigsten Zeitgeber der tägliche Hell-Dunkel-Wechsel und der Zyklus von höherer und niedrigerer Temperatur. Daneben können auch die Luftfeuchtigkeit, soziale Faktoren, Geräusche und bei Meerestieren der Gezeitenwechsel wirken. Bei Milchkühen kann zum Beispiel allein schon das morgendliche Klappern der Melkeimer immer zur gleichen Zeit zur Synchronisation auf den 24-Stunden-Rhythmus beitragen. Entscheidend ist natürlich dabei immer, ob ein Organismus ein bestimmtes Phänomen seiner Umwelt als Zeitgeber annimmt, also ihm gegenüber sensibel ist. Der Zeitgeber ist also nicht die Ursache, sondern nur der Auslöser für die Abstimmungsbereitschaft, die der Organismus ihm entgegenbringt.

Nachdem man herausgefunden hatte, daß der circadiane Rhythmus vom Organismus selbst hervorgebracht wird, stellte sich die Frage nach dem Vorgang, der die eigene Rhythmik auslöst, also der sogenannten «inneren Uhr». Zunächst suchte man dabei nach einem Organ, das die «innere Uhr» morphologisch repräsentiert. Man stellte sich vor, daß von hier aus alle circadian organisierten Vorgänge gesteuert werden müßten. Es wurde dann aber immer deutlicher, daß sich diese Vorgänge nicht auf eine einzelne steuernde Uhr zurückführen lassen. Jedes Organsystem hat seine eigenen Schwingungen (seinen eigenen «Oszillator»), so daß es sich bei jedem Organismus um ein vielfältiges Schwingungssystem handelt (ein «Multioszillatorsystem»). Besonders interessant wird von diesem Gesichtspunkt aus wiederum die Betrachtung der Ordnung dieser rhythmischen Vorgänge untereinander. Dabei ist zu untersuchen, wie diese einzelnen Schwingungssysteme aufeinander abgestimmt, also untereinander synchronisiert werden und ob diese Rhythmen «auseinanderrutschen», also desynchronisieren können.

Die circadianen Rhythmen sind die wohl am meisten beachteten und beschriebenen rhythmischen Vorgänge überhaupt. Für viele Forscher beschränkt sich sogar die Betrachtung der biologischen Rhythmen allein auf die circadiane Organisation. Tiefere Einblicke in die Zeitstruktur der Lebewesen wird man aber sicherlich nur bekommen, wenn auch die Rhythmen längerer und kürzerer Periodendauer untersucht werden, so daß schließlich die Betrachtung des ganzen Zeitspektrums möglich wird (siehe S. 104). Denn gerade die Kenntnis der Verhältnisse, die die rhythmischen Phänomene zueinander einnehmen, ist von ganz besonderer Bedeutung für tiefere Einsichten in das Prinzip Leben.

Wie stellen sich diese Zusammenhänge beim Menschen dar? Liegt unserem Leben im Tageslauf ebenfalls ein endogener Rhythmus zugrunde, also ein Rhythmus, der sich auch fortsetzen würde, wenn wir nicht mehr im normalen Wechsel von Tag und Nacht lebten, sondern ganz nach unseren inneren Bedürfnissen den Tagesablauf und dessen Länge wählen könnten? Diese Fragen sollen uns zunächst zu Beispielen für die tagesrhythmische Gliederung der physiologischen Funktionen des Menschen führen. Mit der Kenntnis dieser Phänomene können wir dann die umfassenderen Gesetzmäßigkeiten näher betrachten.

2.2.

Tagesrhythmen des Menschen

Jeder weiß, daß die Körpertemperatur gegen Abend den Höchstwert des Tages erreicht und den niedrigsten früh am Morgen. Hat man Fieber, ist es bekanntlich abends höher als morgens. Dieses Phänomen wurde 1842 von Gierse beschrieben. Seither haben zahllose klinische und physiologische Untersuchungen gezeigt, daß es offenbar kein Organ und keine Körperfunktion gibt, die nicht eine tägliche Rhythmik aufweisen. Ob wir nun Stunde um Stunde die Zahl der sich teilenden Zellen in Geweben feststellen, die ausgeschiedene Urinmenge, die Reaktion auf ein Medikament oder die Genauigkeit und Geschwindigkeit, mit der arithmetische Aufgaben gelöst werden: gewöhnlich stellen wir fest, daß es zu einer Tageszeit einen Höchstwert und zu einer anderen einen Mindestwert gibt.[94] Die Änderungen sind dabei zum Teil durchaus erheblich, sie können je nach Funktion bis zu 170 bis 200 Prozent der jeweiligen Tagesmittelwerte erreichen.[61] Es kann sich bei den folgenden Darstellungen circadianer Rhythmen des Menschen also nur um eine bescheidene Auswahl handeln. Einige Beispiele sind in Abbildung 11 zusammengestellt.

Vergleicht man die verschiedenen, im Tagesgang sich verändernden Vorgänge, so ergibt sich ein in manchen Punkten übereinstimmendes Bild: Bei den Funktionen, die in der Aktivitätsphase bedeutend sind, kommt es zu ein bis zwei Maxima am Tage und zu einem ausgeprägten Minimum in der Nacht. Funktionen der Ruhe- und Wiederaufbauphase verlaufen gerade umgekehrt dazu. Dabei liegen die jeweiligen Umkehrpunkte meist etwa im Bereich von 3 Uhr morgens und 15 Uhr[75] («zeitliche Ordnung des biologischen Tages»[33]). Dadurch kommt es also zu einer verstärkten Leistungseinstellung des Organismus am Tage mit einer sogenannten Mittagssenke und einer Ruhe- und Erholungseinstellung zur Nacht hin. So kann man auch von einem «biologischen Tag» mit einer Vormittagsphase von 3 bis 15 Uhr

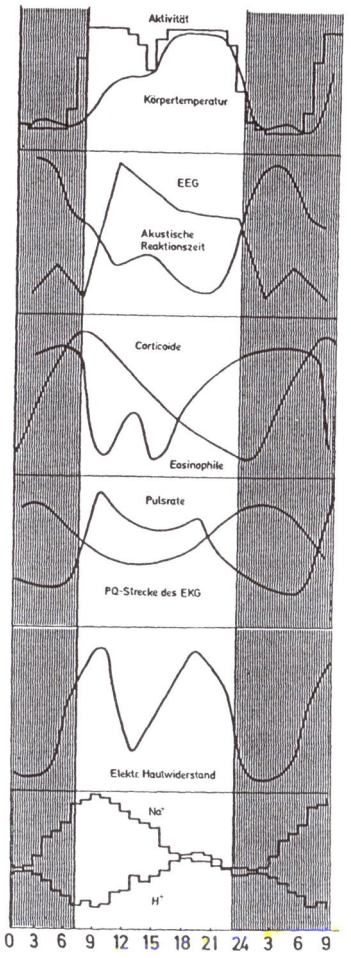

0 3 6 9 12 15 18 21 24 3 6 9

Abb. 11:
Tagesrhythmen verschiedener Funktionen des menschlichen Organismus. Aktivität
(11- bis 15jährige Kinder), Körpertemperatur, Elektroenzephalogramm (EEG),
Reaktionszeit auf akustische Reize, Konzentration von Corticoiden im Blutplasma,
Zahl der eosinophilen Blutkörperchen im Plasma, Pulsrate, PQ-Strecke im
Elektrokardiogramm (EKG), elektrischer Hautwiderstand, Na⁺- und H⁺-Aus-
scheidung im Harn. (Aus: L. Rensing,[75] S. 217, Abb. I)

51

und einer Nachmittagsphase von 15 bis 3 Uhr ausgehen.[35] Trotzdem sollte man nicht einfach, wie es oft getan wird, von einer «physiologischen Leistungskurve», die etwa dem Verlauf der akustischen Reaktionszeit (siehe Abb. 11) folge, sprechen. Die Verhältnisse sind komplizierter und ergeben sich aus den Phasenlagen einzelner Rhythmen zueinander.

Anhand der folgenden Beispiele für die tagesperiodischen Veränderungen unterschiedlichster Organsysteme soll deutlich werden, daß es im Tagesrhythmus zu komplexen Umstellungen im gesamten Organismus kommt.

Wie sich die Fähigkeiten zu Aufmerksamkeit und Konzentration im Tagesverlauf ändern, ist jedem aus eigener Erfahrung bekannt. So fällt den meisten Menschen eine konzentrierte Arbeit in der Nacht schwerer als am Tag, wobei es meist eine schlechte Phase in den frühen Nachmittagsstunden gibt, was der sogenannten «Mittagssenke» entspricht. Als Maß für die psychische Leistungsbereitschaft wurde zum Beispiel die akustische Reaktionszeit oder auch die Anzahl von Arbeitsfehlern bei Schichtarbeitern gemessen. Abbildung 12 gibt vier solcher Bestimmungen wieder. Bei der oberen Kurve wurde an zehn gesunden Versuchspersonen alle zwei Stunden gemessen, wie lange es dauerte, bis sie auf ein akustisches Signal reagierten. Die schnellsten Reaktionen kamen um etwa 10 Uhr vormittags und um 16 bis 20 Uhr. Dementsprechend werden von Schichtarbeitern (zweite Kurve) gerade in diesen Zeiten am wenigsten Fehler gemacht. Dazwischen liegt die Mittagssenke. Nachts ist die bewußte Leistungsbereitschaft deutlich eingeschränkt. Dieser Rhythmus prägt entscheidend unser gesamtes Verhalten im Laufe eines Tages, und viele andere Funktionen sind engstens mit ihm verknüpft. Die beiden unteren Kurven in Abbildung 12 sind von besonders stark belasteten Personen mit einem Schlafdefizit erhoben worden. Es zeigt sich, wie die Mittagssenke dabei verstärkt zur Erscheinung kommt (vgl. die Besprechung auf S. 78 im Kapitel über Stundenrhythmen).

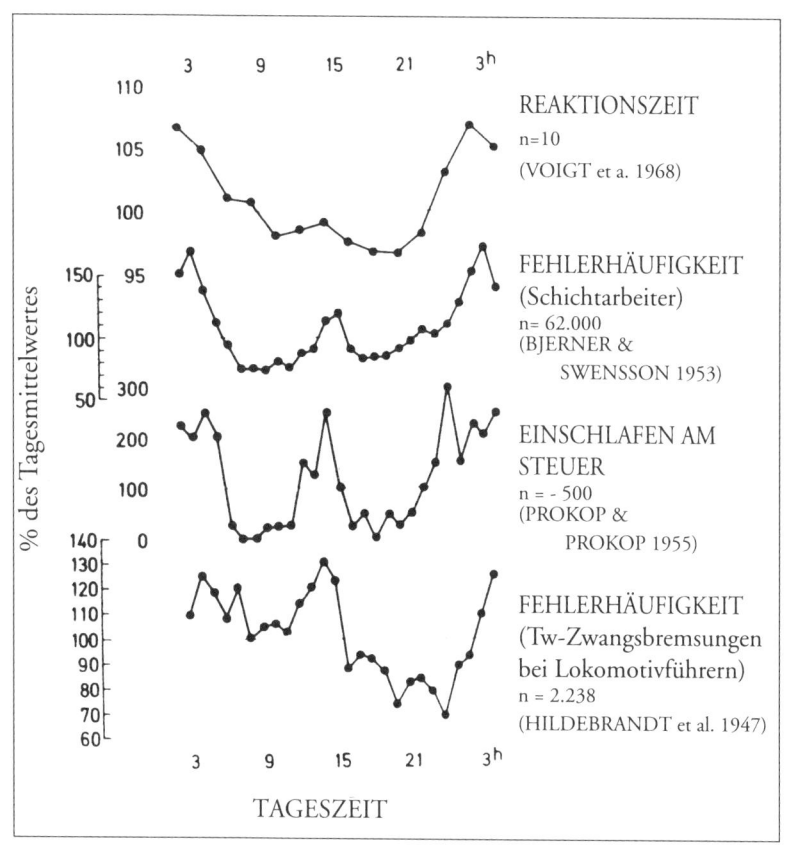

Abb. 12:
Tagesrhythmen der psychischen Leistungsfähigkeit: akustische Reaktionszeit, Feh-
lerhäufigkeit bei industriellen Schichtarbeitern, relative Häufigkeit von Unfällen
durch Einschlafen am Steuer bei Kraftwagen, relative Häufigkeit von Fehlleistun-
gen (Zwangsbremsungen) bei Lokomotivführern der Deutschen Bundesbahn.
(Aus: G. Hildebrandt,[44] S. 13, Abb. 13)

Ganz im Gegensatz zu diesem Verlauf der psychischen Leistungsbereitschaft liegt das Maximum der körperlichen Leistungsfähigkeit nicht am Tage, sondern in der Nacht, bei etwa 3 Uhr. Von einem gewissen Standpunkt aus könnte man also sagen, daß wir mit der Nacht den besten Teil des Tages verschlafen.[40] Diese nächtliche Zeit einer hohen Leistungsfähigkeit wird aber durch den genau gegensinnigen Tagesgang der psychischen Leistungsbereitschaft vor einer Ausnutzung geschützt. Offenbar ermöglicht der sparsame Stoffwechsel in der Nacht die notwendige Erholung. Wird die schützende Funktion des psychischen Leistungsminimums willkürlich durchbrochen, wie es etwa bei Nachtarbeit der Fall ist, so kommt es zu einem fortschreitenden Erholungsrückstand.[40]

In der oberen Kurve der Abbildung 13 ist der Tagesgang der Körpertemperatur dargestellt. Sie schwankt zwischen etwa 36,8 und 37,3 °C, wobei sie nachts gegen 3 Uhr oder etwas später ihren Tiefpunkt und am frühen oder späten Nachmittag ihren Hochpunkt erreicht. So kommt es zu einer Abkühlphase am Abend und in den ersten Nachtstunden und zu einer Aufwärmphase im Laufe des Vormittags.

Tagesrhythmische Schwankungen der Wärmeabgabe an Hand und Fuß sind wesentlich an diesen Temperaturveränderungen beteiligt.[50] Während der Aufwärmphase am Vormittag ist die Hautdurchblutung an Hand und Fuß herabgesetzt, was Wärme einspart. In der Abkühlphase des Abends dagegen wird die Durchblutung dort erhöht, so daß jetzt überschüssige Wärme abgegeben wird. Damit ist der Verlauf der Hauttemperatur an Hand und Fuß gegensinnig zur Körpertemperatur, während er ihr an der Stirn und am Rumpf gleichgerichtet ist. Der Rhythmus der Körpertemperatur ist damit das Ergebnis zweier verschiedener, sich phasisch ablösender Einstellungen: Aufheizung des Rumpfes durch Wärmeeinsparung während der Vormittagshälfte und Abkühlung durch Steigerung der Wärmeverluste während des Abends. Der Temperaturverlauf kann auch zwei Gipfel haben, was besonders bei Kindern ausgeprägt ist. Beide Gipfel liegen dann ebenfalls in der Mittags- und Nachmittagszeit.[3]

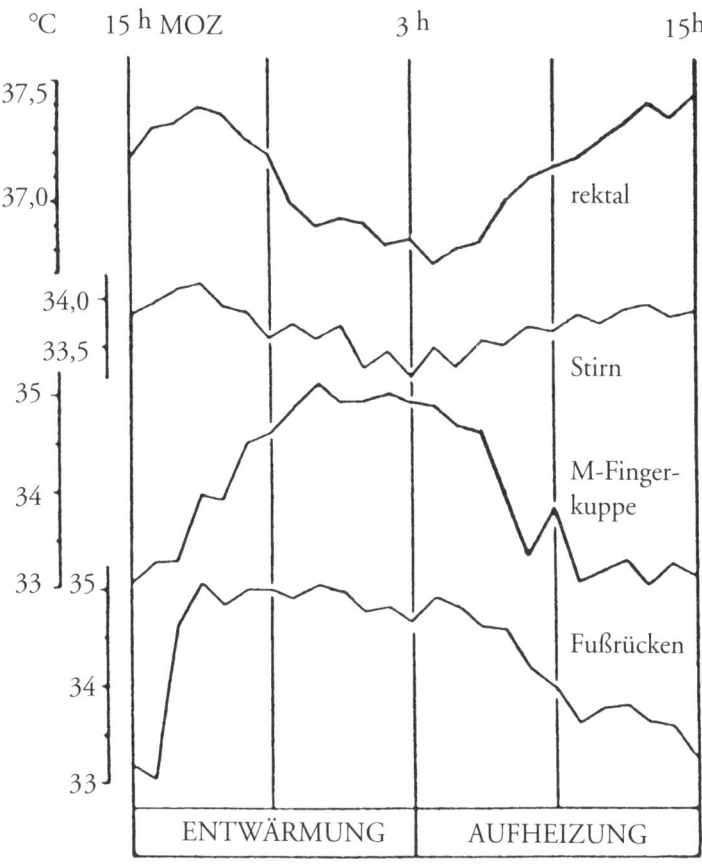

Abb. 13:
Tagesrhythmus der Körpertemperatur sowie der Hauttemperatur an Stirn,
Mittelfingerkuppe und Fußrücken in Ruhe.
(Aus: G. Hildebrandt,[38] S. 210, Abb. 11)

Puls und Atemfrequenz weisen ebenfalls Schwankungen im Laufe der 24 Stunden auf. Die Veränderungen der Atemfrequenz in Ruhe können dabei für verschiedene Personen ganz unterschiedlich sein. Tagsüber findet man Frequenzen in einem weiten Bereich, während sich in der Nacht ein relativ einheitliches Niveau einstellt. Das bedeutet also, daß tagsüber hohe Werte zur Nacht hin absinken und niedrige ansteigen. Dadurch erscheinen die Verläufe der Kurven spiegelbildlich zueinander. Einige Personen haben aber keine so extremen Abweichungen, sondern weisen auch am Tag eine Ruheatemfrequenz auf, die im Bereich der nächtlichen Norm liegt. Dann hat dieser Tagesgang nur eine niedrige Amplitude. Wir begegnen hier einem Prinzip wieder, das im Kapitel über die Kreislaufrhythmen schon besprochen wurde: die Normalisierung während der Nacht, wie sie beispielsweise am Verhältnis der Puls- zur Atemfrequenz von 4:1 ersichtlich ist. Wesentlich ist, daß sich hier ein Normalwert nicht einfach aus dem Durchschnittswert möglichst vieler Menschen ergibt, sondern ihm offensichtlich eine funktionelle Norm zugrunde liegt, die allerdings in etwa übereinstimmt mit den statistisch gefundenen Werten.[33]

Auch die Pulsfrequenz macht einen Tagesrhythmus durch, wobei am Tage höhere Werte zu finden sind als in der Nacht. Das Minimum wird etwa um 3 Uhr nachts durchlaufen. Der Blutdruck hat ein Maximum am Spätnachmittag und ein Minimum um Mitternacht.

Ebenso verändert sich im tagesrhythmischen Gang die gesamte Blutzusammensetzung. So ist beispielsweise die Zahl der roten Blutkörperchen (Erythrozyten) in einem bestimmten Blutvolumen am Tag höher als in der Nacht. Die Gesamtzahl der weißen Blutkörperchen (Leukozyten) in einem bestimmten Blutvolumen schwankt tagesrhythmisch genauso wie die Anteile ihrer einzelnen Zellarten.

Die Eiweißkonzentration im Blut hat niedrige Werte am Tage, die sich in der Nacht erhöhen, wobei Schwankungen im Bereich von 50 Prozent um das Tagesmittel vorkommen.[89] Alle Immunreaktionen, sowohl die zellulären als auch die flüssigen (humoralen) Antikörper im Serum, zeigen Veränderungen im Tagesgang.

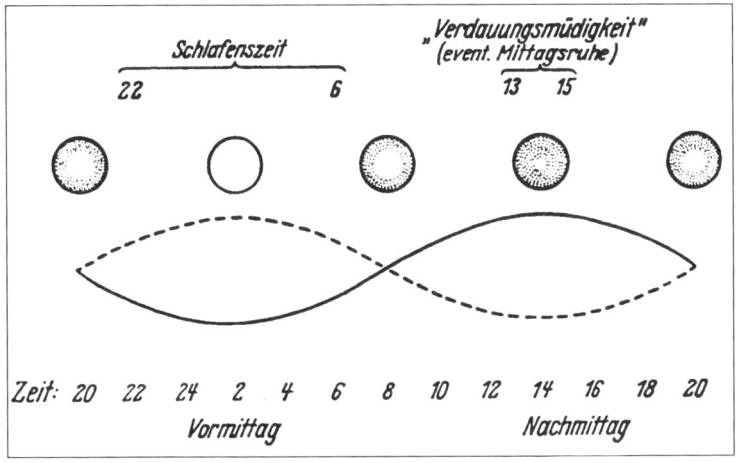

Abb. 14:
Schematische Darstellung von Leberfunktionen nach Forsgren. Die Kreise oben stellen Leberläppchen dar, wobei die weiß gezeichneten Zonen für das Überwiegen des Stärkeaufbaus stehen, die punktierten für das der Gallebildung. Die gestrichelte Kurve darunter stellt den Verlauf des Gehalts an Leberstärke dar, die ausgezogene den der Gallebildung. (Aus: E. Bünning,[11] S. 4)

Als ein Beispiel aus dem Stoffwechselbereich sei der Auf- und Abbau der Leberstärke (Glykogenrhythmus) in der Leber angeführt. Seine Entdeckung geht auf den schwedischen Medizinstudenten Forsgren zurück. Er stellte im Jahre 1927 fest, daß der Stärkegehalt in der Leber abwechselt mit deren Gallebildung. Seine Darstellung ist in Abbildung 14 wiedergegeben. Danach überwiegt des Nachts der Stärkeaufbau, am Tage hingegen die Gallebildung. Die Fachwelt war damals skeptisch, und da man nicht glaubte, daß solche Schwankungen möglich seien, wurde seine Doktorarbeit, die er darüber anfertigte, erst einmal abgelehnt. Heute zählt seine Arbeit zu den Pionierleistungen der Chronobiologie.

Der Gehalt an Leberstärke verändert sich also regelmäßig im Tagesverlauf und hat in der Nacht ein Maximum und am Nachmittag ein

Minimum. Die Leberstärke ist eine Energiereserve, die besonders tagsüber in Traubenzucker (Glukose) umgewandelt werden kann, der dann in die Blutbahn gelangt und als Blutzucker zu den verschiedenen Organen gebracht wird. Diese Blutzuckerkonzentration hat also auch eine tagesrhythmische Schwankung: Das Maximum liegt am Vormittag, nachdem in der Nacht ein Minimum durchlaufen wurde. Nach dem nächtlichen Aufbau an Leberstärke wird diese im Laufe des Vormittags vermehrt als Blutzucker in die Blutbahn entlassen. Hier steht sie für den Energiebedarf am Tage zur Verfügung. Man kann für die Leber diesbezüglich auch, analog den Bezeichnungen am Herzen, von einer «Systole» (Glykogenverarmung, Sekretion) und einer «Diastole» (Glykogenanreicherung, Retention) sprechen.

Die für diese Umwandlungen verantwortlichen Hormone (Insulin, Glukagon) schwanken in ihren Aktivitäten alle wiederum tagesrhythmisch. Alle beteiligten biochemischen Vorgänge halten sehr genaue Phasenbeziehungen zueinander ein, so daß schließlich während der tagwachen Aktivitätsphase im Blut ausreichend Traubenzucker verfügbar ist. Wir bemerken somit, daß in uns der biologische Zustand sich fortwährend verändert, bis zur biochemisch erfaßbaren Ebene. Der Organismus ist also zu verschiedenen Tageszeiten auch biochemisch jeweils anders gelagert.

Wenn es in einem gängigen Lehrbuch der Biochemie (P. Karlson: *Kurzes Lehrbuch der Biochemie*[56]) heißt: «Ganz allgemein gilt, daß durch diese verschiedenen Regulationsmechanismen die Glukosekonzentration im Blut sehr genau konstant gehalten wird», so stimmt dies selbstverständlich in einem gewissen Sinne, denn extreme Abweichungen, die ja zu schwerwiegenden Funktionsstörungen führen (man denke an die Zuckerkrankheit, Diabetes mellitus), werden vom Organismus sorgfältig vermieden. Es entspricht aber nicht dem neuesten Stand des Wissens, weil man die regelmäßigen und zum Teil erheblichen rhythmischen Variationen dabei übersieht. So gilt beispielsweise auch: Die Zellteilungsrate (Mitoserate) in der Haut folgt einem Tagesrhythmus. Die meisten Zellteilungen finden als Ausdruck

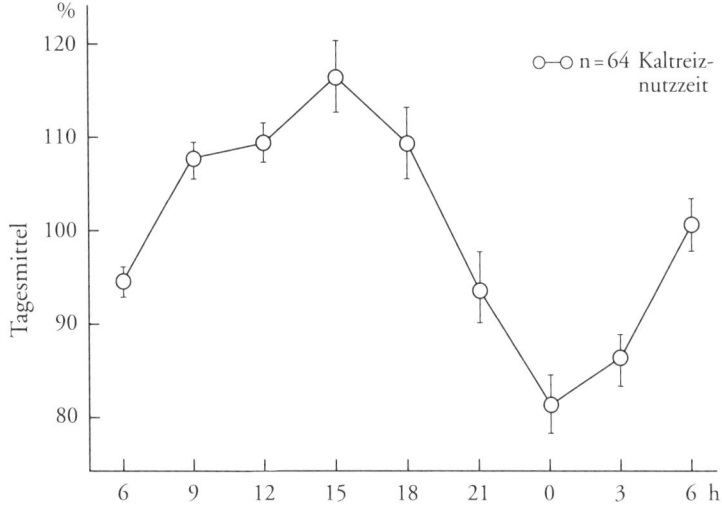

Abb. 15:
Tagesgang der Schmerzschwelle bei Reizung eines gesunden Zahnes mit Kälte.
(Aus: Pöllmann / Hildebrandt,[69] *S. 2216, Abb. 2, verändert)*

von Aufbauprozessen nachts statt. Dieser Rhythmus trifft ebenfalls für heilende Wunden zu: Die Wunden heilen nachts! Die Urinausscheidung als ein Beispiel für Abbauvorgänge ist in der Nacht hingegen wesentlich gedrosselt, und auch die Urinzusammensetzung macht tagesrhythmische Veränderungen durch.

Als ein Beispiel für Tagesrhythmen im Nervensystem führen wir die Veränderung der Schmerztoleranz an, wie sie unter anderem an der Kälteempfindlichkeit von Zähnen untersucht wurde. In Abbildung 15 ist am Verlauf der Schmerzschwelle im Tagesgang zu sehen, daß die Zähne in der Nacht schmerzempfindlicher sind als am Tage. Auch die Schmerzempfindung an der Haut durchläuft einen Tagesrhythmus, wobei zu unterscheiden ist zwischen einem mehr dumpfen, schlecht

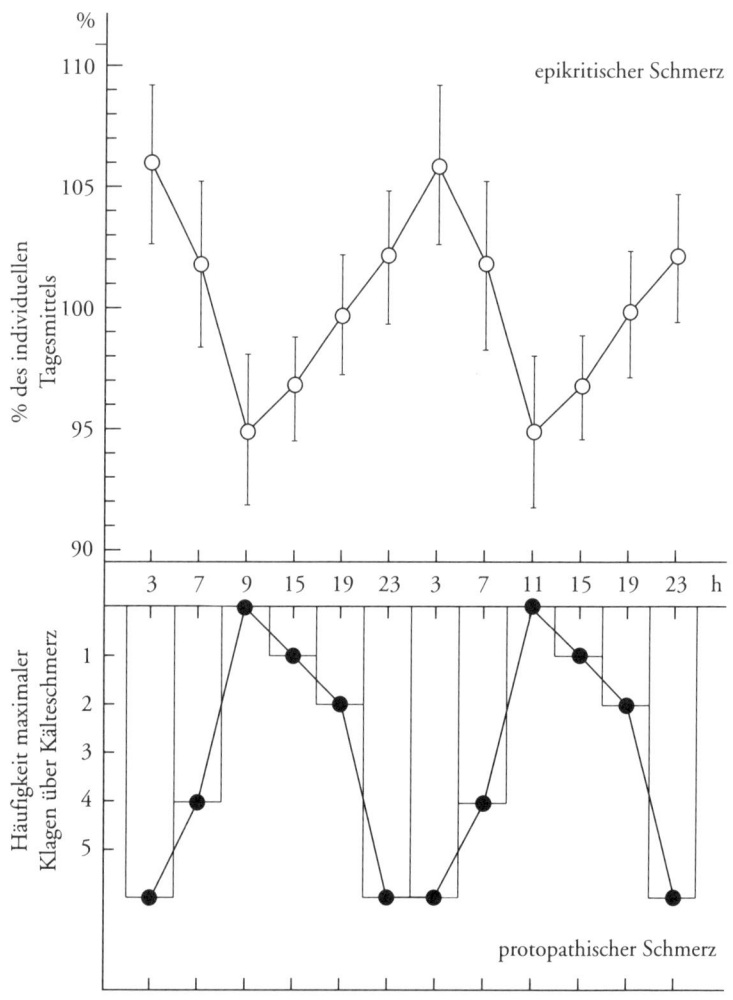

Abb. 16:
Oben: Tagesgang des erforderlichen minimalen Drucks,
um einen sehr kleinen Schmerz an der Fingerkuppe hervorzurufen.
Unten: Tagesgang der Klagen über Kälteschmerz bei Reizung mit Kälte.
(Aus: Pöllmann / Hildebrandt [69]*, S. 2219, Abb. 5)*

lokalisierbaren (protopathischen) und einem genauer lokalisierbaren, eher scharfen (epikritischen) Schmerz, wie er auch als Wundschmerz auftritt. Abbildung 16 zeigt solche Verläufe: Die obere Kurve wurde ermittelt, indem man zu den verschiedenen Tageszeiten den erforderlichen minimalen Druck suchte, mit dem man an der Fingerkuppe durch eine Nadel einen sehr kleinen Schmerz hervorrief. Die untere Kurve zeigt die Maxima der Angaben über Kälteschmerz beim Eintauchen der Hand in Wasser von 4° C. Beide Schmerzformen zeigen deutlich einen Tagesrhythmus, aber ihre Phasen verlaufen genau gegensinnig zueinander. Bezüglich der epikritischen Schmerzempfindung ist man demnach am Vormittag etwa um 11 Uhr am meisten und in der Nacht etwa um 3 Uhr am wenigsten empfindlich, während dies bei der protopathischen Schmerzempfindung gerade umgekehrt ist. Auch die Wirkungsdauer eines Medikamentes zur örtlichen Betäubung verändert sich im Tageslauf erheblich, wie im Rahmen kieferchirurgischer Behandlungen festgestellt wurde. Wird die Spritze in den frühen Nachmittagsstunden gesetzt, so hält die Wirkung weitaus länger an als bei der Gabe am Morgen.[69] Der menschliche Organismus befindet sich also durchweg tags und nachts in jeweils ganz unterschiedlichen Zuständen. Das legt heute zunehmend auch nahe, bei medizinischen Behandlungen auf circadiane Rhythmen zu achten.

Damit ist eine Thematik angesprochen, die für die medikamentöse Behandlung und somit für die Pharmakologie von überaus großer Bedeutung ist und auch immer mehr beachtet wird: Die Empfindlichkeit des Organismus gegenüber Pharmaka, Giften, Narkotika, Röntgenstrahlen und Hormonen schwankt zum Teil erheblich mit der Tageszeit. Dies wird von einem eigenen Forschungszweig, der sogenannten Chronopharmakologie, untersucht. Den Erkenntnissen daraus trägt man zum Beispiel dadurch Rechnung, daß man Medikamente mit unterschiedlichen Zusammensetzungen für verschiedene Tageszeiten, etwa für morgens und für abends, entwickelt. Beispiele für in dieser Hinsicht untersuchte Stoffe sind Insulin, Narkosemittel oder Nikotin.

Tagesrhythmen charakterisieren auch das Ausmaß der allergischen Reaktion, zum Beispiel gegenüber Wohnungsstaub oder auch

Penicillin. Maxima und Minima all solcher tagesrhythmisch unterschiedlichen Empfindlichkeiten unterscheiden sich meist um das Doppelte bis Dreifache, die Höchstwerte können aber auch bis auf das Zehnfache ansteigen.[75]

Insgesamt dürfte aus diesen Beispielen deutlich geworden sein, daß die Tagesrhythmen der einzelnen Vorgänge nicht einfach Reaktionen auf Ereignisse und Verhaltensweisen sein können, sondern dem Organismus eigene, tief in ihm verwurzelte Vorgänge sind. Gerade in diesem Rhythmus zeigt er eine hohe Autonomie seiner Zeitgestalt.

2.3.
Die circadiane Organisation des Menschen

Damit kommen wir jetzt zurück zu unserer Ausgangsfrage: Liegt dem Tagesrhythmus des Menschen auch ein endogen verankerter Rhythmus zugrunde?

Lange gab es keine Anhaltspunkte für die Beantwortung dieser Frage, bis in den sechziger Jahren der Chronobiologe J. Aschoff gemeinsam mit R. Wever im Max-Planck-Institut für Verhaltensphysiologie in Seewiesen/Erling-Andechs in der Nähe des Ammersees seine «Bunkerversuche» begann. Bei diesen Untersuchungen lebten gesunde Versuchspersonen freiwillig jeweils allein für einige Zeit, meist drei bis sechs Wochen, in unterirdischen Bunkern ohne Uhr und sonstige Zeitmarken, weitgehend abgeschlossen von allen Umwelteinflüssen. In den Bunkern waren vollständige Wohnungen eingerichtet. Die Versuchspersonen konnten ihren Tagesrhythmus zwischen Wachen und Schlafen selbst bestimmen. Viele waren Studenten, die während dieser Zeit für ihr Examen lernten. Sie waren angehalten, ganz geregelt zu leben und täglich drei Mahlzeiten im normalen Abstand einzunehmen. Unter diesen Bedingungen hielten die meisten Versuchspersonen einen Rhythmus ein, der annähernd dem Tagesrhythmus entsprach. Meist allerdings waren die frei gewählten Tagesläufe etwas länger als der nor-

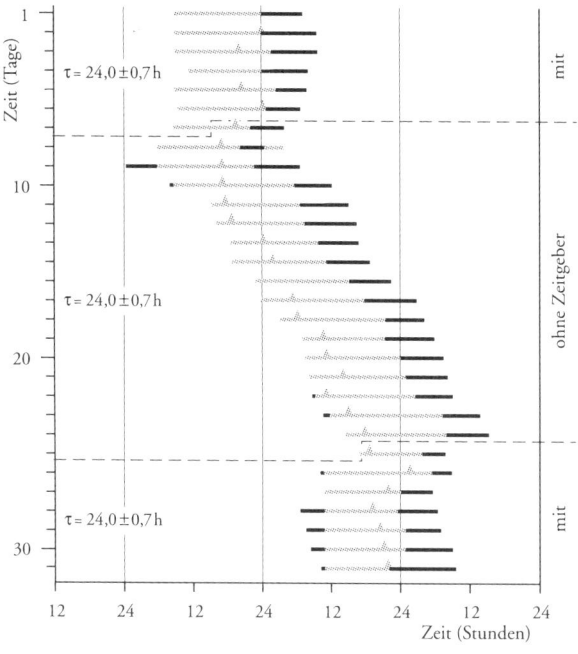

Abb. 17:
Rhythmus des Wachens (graue Balken) und Schlafens (schwarze Balken) einer
Versuchsperson in der Isolierkammer bei offener Tür (mit sozialem Zeitgeber)
und in Isolation (ohne Zeitgeber). Dreiecke: Maxima der Körpertemperatur. Die
Abbildung zeigt deutlich, wie nach Verschließen der Tür der Schlaf-Wach-
Rhythmus der Versuchsperson vom Tagesrhythmus der Außenwelt abdriftet.
(Aus: Schmidt / Thews,[81] S. 168, Abb. 7 – 12)

male Tag, sie lagen oft bei ca. 25 Stunden. Im Laufe der Versuchswo-
chen drifteten also die Versuchspersonen in ihren Bunkern weg vom
Tag-Nacht-Rhythmus der Außenwelt und zeigten darin ihren freilau-
fenden Rhythmus. Neben dem Schlaf-Wach-Verhalten wurden auch
einige Körperfunktionen bestimmt, wie etwa die Körpertemperatur
oder die Harnausscheidung. Gewöhnlich folgten diese Funktionen
dem selbstgewählten Rhythmus. Damit war die endogene Veranke-
rung des Tagesrhythmus auch für den Menschen erwiesen.

Die erste Versuchsperson im Bunker war Aschoff selbst. Nach seiner Rückkehr in die «Oberwelt» schilderte er: «Nachdem ich in den ersten zwei Tagen im Bunker sehr neugierig gewesen war, wie spät es eigentlich ‹wirklich› sei, verlor ich allmählich alles Interesse daran und fand es alsbald sehr behaglich, ‹zeitlos› zu leben. Nach allem, was ich von den Tierversuchen wußte, war ich überzeugt, daß ich eine kürzere Periodik als 24 Stunden hätte. Nach meiner Rückkehr am zehnten Tag war ich daher höchst überrascht, als man mir sagte, daß ich das letzte Mal um 15 Uhr aufgewacht sei. ‹Morgens› konnte ich mir nie darüber klarwerden, ob ich eigentlich lange genug geschlafen hatte. Am achten Tag stand ich nach nur drei Stunden Schlaf auf. Kurz nach dem Frühstück schrieb ich in mein Tagebuch: ‹Irgend etwas kann nicht stimmen. Mir ist, als hätte ich Nachtschicht.› Ich ging wieder zu Bett und schlief noch einmal drei Stunden. Nach meiner Temperaturkurve zu urteilen, war ich das erstemal während der schlechtesten Phase der circadianen Periode aufgewacht, das heißt, als die Temperatur am niedrigsten war. Ich hatte mich durch eine Willensanstrengung täuschen lassen, wurde aber von meiner physiologischen Uhr zur Ordnung gerufen.»[94]

Da der endogene circadiane Rhythmus des Menschen also eine längere Periodendauer als der äußere Tag-Nacht-Wechsel hat, müssen für den menschlichen Organismus Zeitgeber existieren, die es ihm ermöglichen, sich im normalen Leben in die vom Sonnenlauf vorgegebene Umweltrhythmik einzuordnen.

Welche Zeitgeber sind nun für uns maßgebend? Besonders aus den Bunkerversuchen gibt es einige Hinweise dazu: Auch für den Menschen ist offenbar der Hell-Dunkel-Wechsel ein starker Zeitgeberreiz. Aber wichtig sind auch soziale Zeitgeber wie etwa der Tagesablauf in Familie und Beruf und daneben eine Reihe anderer Einflüsse. Es ist charakteristisch, daß vom Menschen eine breite Palette von Umwelteinflüssen als Zeitgeber angenommen werden kann, während beim Tier vorwiegend nur ganz bestimmte, sehr viel enger definierte Reize dafür in Frage kommen.

Dazu gehört auch, daß es die Tageszeitverkürzung nach Johanni allein ist, die bei den Zugvögeln in unseren Breiten den Zugtrieb nach Süden auslöst. Weder Temperaturveränderungen noch Änderungen im Nahrungsangebot spielen dabei eine Rolle. Umgekehrt deutet sich in der Unspezifität der Zeitgeber bei Menschen seine größere Autonomie der zeitlichen Strukturen gegenüber der Umwelt an, als sie beim Tier besteht.

Auch beim menschlichen Organismus läßt sich wie bei Tier und Pflanze die circadiane Organisation nicht auf eine einzige Uhr zurückführen, die diese Phänomene veranlaßt. Zwar hat man für ihn eine Reihe von Kontrollsystemen für die periodischen Abläufe im Gehirn gefunden, jedoch haben wir es vielmehr auch hier mit einem «Multioszillatorsystem» (vergleiche S. 49) zu tun. Es gibt also eine Vielzahl von Schwingungssystemen, die aber normalerweise alle synchron im 24-Stunden-Rhythmus laufen, das heißt, es werden ganz bestimmte Phasenlagen zueinander eingehalten. Aber auch in einem frei laufenden circadianen Rhythmus von zum Beispiel 25 Stunden können alle einzelnen Oszillatoren untereinander synchron verlaufen. Die Umweltsynchronisation bewerkstelligt sowohl die äußere Einpassung in den Tag-Nacht-Wechsel als auch die innere, zeitliche Zusammenordnung der Funktionen untereinander.

Man kann sich das wie bei einem Orchester mit seinem Dirigenten vorstellen. Der Dirigent ist der Zeitgeber. Er sorgt für das richtige Tempo, und jeder Musiker fügt sich dadurch in den gemeinsamen Rhythmus ein. So kommt es gleichzeitig zur Synchronisation untereinander.

Liegt normalerweise eine Synchronisation vor, kann man sich denken, daß es auch Desynchronisationen gibt. Dies ist tatsächlich der Fall. Grundsätzlich muß dabei zwischen äußeren (externen) und inneren (internen) Desynchronisationen unterschieden werden. Bei der äußeren Desynchronisation stimmt der circadiane Rhythmus nicht mehr mit dem Tagesrhythmus der Umwelt überein. Ein Beispiel zeigten die Bunkerversuche: Die Versuchsperson driftete langsam weg vom normalen Tag, weil ihr die notwendigen Zeitgeber fehlten. Dabei können aber die verschiedenen rhythmischen Funktionen des Organismus untereinander synchronisiert bleiben.

Bei der inneren Desynchronisation (auch Dissoziation genannt) geraten die verschiedenen circadianen Rhythmen in verschiedene Phasenlagen, schwingen also nicht mehr im gleichen Rhythmus, wie es bei vegetativen Fehlspannungen (Dystonien) trotz Anbindung an den äußeren Tagesrhythmus auftreten kann. Beide Fälle sind vergleichbar mit zwei Tänzern: Sie können in schönem Einverständnis und guter Harmonie miteinander tanzen und dabei die Musik völlig ignorieren. Die Musik wird als Zeitgeber nicht anerkannt. Beide Tänzer können aber auch unterschiedliche Rhythmen haben. Das geht natürlich schief, man tritt sich auf die Füße. Meistens aber entsteht auch untereinander keine Harmonie, wenn der Rhythmus der Musik nicht von beiden angenommen wird. So ist es auch im Organismus: Nur der extern und intern synchronisierte Organismus kann Grundlage sein für Wohlbefinden und Leistungsfähigkeit.

Äußere Desynchronisationen gibt es auch außerhalb der Ausnahmesituation des Versuches, wie folgendes Beispiel zeigt:[62] Ein blind geborener, 28jähriger Mann, der ansonsten gesund war und nach seinem Studium als Biostatistiker an einer Universität arbeitete, hatte einige Jahre lang beobachtet, daß er für jeweils zwei oder drei Wochen hintereinander unter nächtlicher Schlaflosigkeit und Müdigkeit am Tage litt. In diesen Phasen waren seine Arbeit und seine Freizeitaktivitäten erheblich behindert. Er machte vergebliche Anstrengungen, in den normalen Tagesablauf seines sozialen Umfeldes zu gelangen und benutzte dabei auch Medikamente. Ein Tagebuch, das er eine Zeitlang über seine Schlaf- und Aktivitätszeiten führte, ließ vermuten, daß er einen frei laufenden, eigenen circadianen Rhythmus hatte. Nachdem er die Medikamente für drei Wochen abgesetzt hatte, wurde er zu einer mehrwöchigen Studie in ein Krankenhaus aufgenommen. Er sollte dort so, wie er geneigt war, seinen Tagesablauf selbst bestimmen, sozialen Umgang pflegen und auch seiner Arbeit nachgehen, wozu die Voraussetzungen geschaffen wurden. Er hatte alle Möglichkeiten der Zeitbestimmung, außer natürlich dem Hell-Dunkel-Wechsel. Seine Schlaf- und Wachzeiten wurden protokolliert, und es zeigte sich, daß er in einem etwa 24,9stündigen Tag lebte, was auch die Untersuchung einiger Körperfunktionen bestätigte, und er damit immer wieder vom normalen 24-Stunden-Tag wegdriftete. Alle drei Wochen stimmte sein innerer Tag dann wieder mit dem normalen Tag überein. Während der Studie fühlte er sich zum ersten Mal seit Jahren symptomfrei. Nach der Studie kehrte er nach Hause zurück und versuchte wiederum, in den normalen Tag hineinzukommen, aber seine Schlafstörungen setzten wieder ein, und Registrierungen seiner Schlafzeiten zeigten deutlich die Fortsetzung des frei laufenden circadianen Zyklus. Zu einem Zeitpunkt, an dem seine eigene Phasenlage gerade wieder mit dem normalen Tag übereinstimmte, wurde dann versucht, ihn durch eine strenge Tageseinteilung dem 24-Stunden-Tag einzugliedern. Er unterzog sich einem strikten Zeitplan für die Schlaf- und Wachperioden sowie die Mahlzeiten. Aber er konnte sich an den von außen gegebenen Rhythmus nicht anpassen.

In den letzten Jahren wurden eine Reihe weiterer blinder Personen untersucht, und ein Teil von ihnen zeigte ähnliche Probleme. Bei ihnen wurden mehr Unregelmäßigkeiten bezüglich Schlafzeiten und der Körpertemperaturphasen gefunden als bei Sehenden. Die Ergebnisse bestätigen, daß der Hell-Dunkel-Wechsel wohl ein sehr wichtiger Zeitgeber ist.[64] Aber auch Personen mit intakten Sinnesorganen können ähnliche Störungen haben. Für Menschen mit solchen Problemen sind spezielle Therapieformen entwickelt worden, die die Synchronisation besonders durch eine strenge rhythmische Tagesordnung herzustellen versuchen.[65]

Auch eine innere Desynchronisation kann im Versuch entstehen. In den meisten der beschriebenen Bunkerversuche blieben die Versuchspersonen auch bei einem 25-Stunden-Tag innerlich synchron. Körpertemperatur und Schlaf-Wach-Rhythmus konnten aber auch auseinanderdriften.[95] Bei einer Versuchsperson beispielsweise war der Schlaf-Wach-Zyklus mit 32,6 Stunden überraschend lang, während die Rhythmen von Körpertemperatur und Urinausscheidung eine Phasenlänge von 24,7 Stunden hatten. Beide circadiane Rhythmen liefen dabei allmählich auseinander. Von Zeit zu Zeit «begegneten» sich diese Rhythmen aber wieder, um kurze Zeit die gleiche Phasenlage zueinander zu haben. Die Versuchsperson führte ein Tagebuch, und genau in den Zeiten, in denen ihre Funktionen phasengleich waren, war sie besonders gut in Form und fühlte sich wohl.[94] Es hängt offenbar mit der Strenge der inneren Zeitordnung des jeweils untersuchten Menschen zusammen, ob es im Versuch zur Desynchronisation kommt oder nicht. Solche Desynchronisationen führen zu Erscheinungen, wie sie auch von anderen Krisensituationen bekannt sind: gesteigerte innere Unruhe, Schlafstörungen, Unwohlsein, herabgesetzte Leistungsfähigkeit, Erhöhung der Pulsfrequenz und Verkürzung der Schlaf-Wach-Rhythmik («Desynchronose»).[75, 87]

Das Phänomen der inneren Desynchronisation, wie es in den Bunkerversuchen auftrat, ist der deutlichste Hinweis auf das «Multioszillatorsystem» der circadianen Rhythmik, denn würde nur eine zentrale Uhr im Organismus den Tagesrhythmus auslösen, so wäre ein solches Nebeneinanderlaufen von Rhythmen mit unterschiedlichen Phasendauern nicht möglich. Die Desynchronisation von Tagesrhythmen ist aber nur ein Spezialfall. Betrachtet man zum Beispiel die Funktionen mit kürzerer Periodendauer dazu, können ihre Phasenbeziehungen sowohl untereinander als auch im Verhältnis zum Tagesrhythmus gestört sein. So kann beispielsweise das Frequenzverhältnis 4 : 1 von Puls und Atmung, das in der Nacht als Erholungsoptimum angestrebt wird, gestört sein, wenn es zu Desynchronisationen gekommen ist. Es bestehen dann tiefgreifende Störungen der inneren Zeitstruktur.

Desynchronisationen sind in den verschiedensten Lebenssituationen immer wieder zu finden und bereiten einige Probleme. Sie kommen vor allem dort zustande, wo die normale Schlaf-Wach-Rhythmik durchbrochen wird oder wo es zu abrupten Änderungen von Tageslängen kommt.

Das eindrücklichste Beispiel für Desynchronisation durch Änderungen der Tageslängen sind die Langstreckenflüge in Ost-West- oder West-Ost-Richtung, also über Meridiane hinweg. Früher wurden die Zeitzonen langsam per Schiff überquert, und die Tagesrhythmik konnte sich allmählich umstellen. Die zeitlichen Verschiebungen betrugen jeden Tag nur wenige Minuten, was ganz innerhalb des

Ziehbereichs liegt. Heute müssen bei schnellen Interkontinentalflügen erhebliche Phasenverschiebungen in kürzester Zeit verkraftet werden. Es ist leicht einzusehen, daß dies eine besondere Belastung für das circadiane System darstellt, denn die Synchronisation mit der neuen Umweltrhythmik muß hergestellt werden. Der Schlaf-Wach-Rhythmus läßt sich meist schnell in einen neuen Rhythmus bringen. Eine Reihe physiologischer Rhythmen können diese Umstellung aber nicht so schnell bewerkstelligen und gleichen sich erst im Verlauf von Tagen bis Wochen an. Die einzelnen Funktionen werden also nicht gleichzeitig umgestellt. Die Folge ist eine interne Desynchronisation: Wach-Schlaf-Rhythmus und physiologische Funktionen laufen in verschiedenen Phasen, was zu den typischen Erscheinungen des «Jet lag» führt. Wir haben es dann also mit drei Problemen zu tun: Der Flug selbst ist eine gewisse Belastung, dann muß die äußere Synchronisation hergestellt werden, um mit der Ortszeit übereinzustimmen, und schließlich ist die innere Resynchronisation zu erreichen. Reisende, die am Ort bleiben, müssen daher mit einer verminderten Leistungsfähigkeit für mehrere Tage nach der Ankunft rechnen. Es dürfte problematisch sein, wenn zum Beispiel Geschäftsleute oder Politiker schwerwiegende Entscheidungen gerade in solchen ausgesprochen ungünstigen Phasen fällen müssen. Wo es möglich ist, sollten etwa schwerwiegende Verhandlungen oder ähnliches nicht auf Zeiten gelegt werden, die der früheren subjektiven Nachtzeit entsprechen.

Hat zum Beispiel ein Reisender von den USA nach Europa normalerweise sein Leistungsminimum bei 4 Uhr in der Nacht, so wird nach der Überquerung von fünf Zeitzonen in den ersten Tagen seiner Ankunft, bevor sein circadianes System sich an die neue Ortszeit angepaßt hat, sein individuelles Tief auf 9 Uhr Ortszeit liegen. Möglicherweise werden gerade dann wichtige Verhandlungen oder Tätigkeiten von ihm erwartet.

Für eine zügige Anpassung an die neue Ortszeit ist es empfehlenswert, sofort energisch an dem neuen örtlichen Tagesablauf teilzunehmen. Zieht man sich dagegen ins Hotelzimmer zurück und geht dem früheren Tagesgang nach, kommt der Prozeß der Umstellung nur

69

langsam in Gang. Für ganz kurze Aufenthalte allerdings kann es sinn-voller sein – falls machbar –, keine Umsynchronisation in Gang kom-men zu lassen und weiter dem heimatlichen Rhythmus nachzugehen, indem man die Schlaf- und Essenszeiten in etwa entsprechend wählt. Nach Zeitzonensprüngen von sechs Stunden kann es 14 Tage und länger dauern, bis die Umstellung abgeschlossen und die volle Lei-stungsfähigkeit wiederhergestellt ist. Nach Reisen in westliche Rich-tung, die ja zu Phasenverzögerungen führen, paßt man sich schneller an als nach Reisen in östliche Richtung. Das Ausmaß der Belastung durch die Umstellung ist dabei natürlich individuell recht verschieden.[65]

Die Einordnung des eigenen circadianen Rhythmus in den Tages-rhythmus der Umwelt ist, wie wir gesehen haben, abhängig von der inneren Bereitschaft, äußere Zeitgeber zu akzeptieren. Hierdurch wird verständlich, daß es individuelle Varianten in der circadianen Phasenlage gibt. Man kann hier zuerst einmal einen Morgentypus von einem Abendtypus unterscheiden. Menschen vom Morgentyp eilen mit ihrem Tagesrhythmus voran, sie reagieren schnell, ja zum Teil überschießend auf die morgendliche Aktivierung. Die Minima ihrer physiologischen Leistungsfunktionen liegen deutlich in der Nacht. Beim Abendtypus ist die Phase zur Nacht hin verschoben. Einzelne Leistungsminima werden erst gegen Morgen erreicht, so daß die Akti-vierung und das Aufstehen dann schwerfallen. Die Leistungsmaxima werden erst später am Tag erreicht. Oft können solche «Nachteulen» noch spät am Abend und in die Nacht hinein gut arbeiten. Die unter-schiedlichen Phasenlagen drücken sich bis in unterschiedliche Rhyth-men physiologischer Vorgänge aus, so auch bei der Körpertemperatur (siehe Abb. 18).

G. Hildebrandt konnte diese unterschiedlichen Typen auch durch den Vergleich der jeweiligen Lage des Puls-Atem-Frequenzverhältnisses differenzieren: Morgentypen neigen zu einem über 4 : 1 erhöhten Fre-quenzverhältnis. Im tagesrhythmischen Gang der Pulsfrequenz haben sie den Hauptgipfel am Vormittag und ein früh liegendes nächtliches Minimum. Abendtypen neigen hingegen zu erniedrigten Quotienten, der Hauptgipfel wird erst am Nachmittag erreicht, und das nächtliche

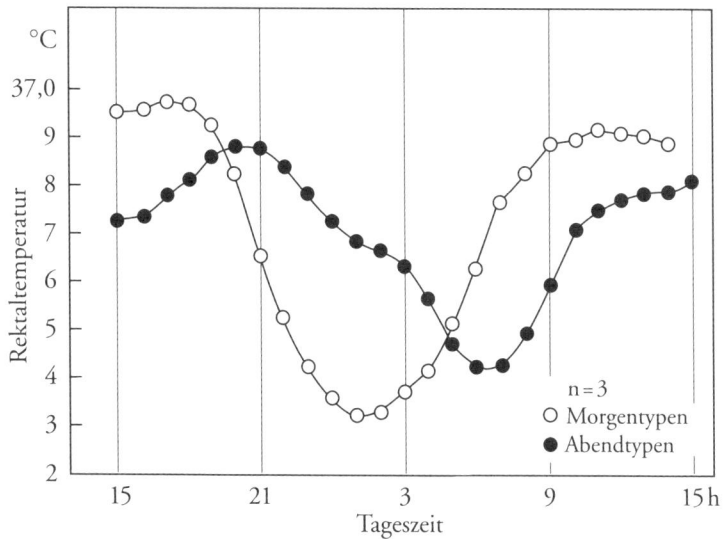

Abb. 18:
Mittlerer Tagesgang der Körpertemperatur bei ausgeprägten Morgen- und Abendtypen. (Aus: G. Hildebrandt,[51] Abb. 5)

Minimum liegt spät.[46] Man kann sich gut durch Selbsteinschätzung diesen Typen zuordnen, was auch durch Fragebogenauswertungen der subjektiven Selbstbeurteilung in Verbindung mit objektiven Messungen gezeigt wurde. Natürlich gibt es alle Variationen zwischen den beschriebenen Typen; am häufigsten kommen indifferente, seltener extreme Phasenlagen vor.

Wir gehen alle tagtäglich mit der Frage um, wie wir uns in den Tagesgang hineinstellen. Unsere Veranlagung und damit persönliche Gewohnheiten spielen dabei ebenso eine Rolle wie berufliche oder private Notwendigkeiten. Bei der Gestaltung des Tagesablaufes sollte man durchaus die Phasen der Leistungsfähigkeit berücksichtigen. Gelegentliche Veränderungen des gewohnten Tagesablaufes wie verspätetes Einschlafen oder sehr frühes Aufstehen werden normalerweise schnell ausgeglichen. Darüber hinaus sollte man sich aber klarmachen, daß der geregelte, rhythmische Ablauf des Tages für die tägliche Einfügung in die 24stündige Periodik und damit gleichzeitig für die innere Synchronisation wichtig ist. Wenn der Wecker morgens klingelt, fällt es dem einen leicht aufzustehen; manche wachen schon vor dem Wecksignal auf. Der andere hat wesentlich mehr Schwierigkeiten, und er braucht drei Wecker, die nacheinander klingeln (Morgentyp/Abendtyp). Sicherlich trägt aber ein solches Wecksignal zur Synchronisation in den Tagesrhythmus bei. An Werktagen muß man dem Signal folgen, weil Beruf oder Schule es erfordern. Nach dem Aufstehen wirken dann alle übrigen Zeitgeber mit (Licht, Geräusche, die Familie und das Frühstück), und der Tag beginnt. Am Wochenende schläft man unter Umständen länger und ordnet sich nicht so genau in den Tagesablauf ein. In der Regel besteht ja ein Wochenende heute aus zwei Tagen. In diesem Zeitraum ändert sich dann oft auch die tagesrhythmische Synchronisation. Die bekannte Montagmorgen-Müdigkeit, die sich nach einem Wochenende einstellt, hat vermutlich etwas mit diesem Phänomen zu tun.[65] Späteres Aufstehen mag durch den verlängerten Schlaf eine gewisse Erholung bringen. Man verzichtet dabei aber auch auf die Zeitgeberwirkung des pünktlichen Aufstehens. Kommt es durch längere Abende dann zu einer zunehmenden Verschiebung des Schlafes, so verschiebt sich die Synchronisation in den normalen Tagesablauf etwas. Diese Tendenz zum «frei laufenden» Rhythmus, der man immerhin zwei Tage lang nachgehen kann, muß montags morgens wieder aufgefangen werden, da es zu einer Phasenverschiebung gegenüber der Umgebung gekommen ist. Die Zeit, zu der man aufwachen muß, empfindet man als zu früh.

Zweimal im Jahr wird in vielen Ländern der gemäßigten Zonen die gesamte Bevölkerung einer Zeitverschiebung ausgesetzt, wenn die Umstellung auf Sommer- bzw. Winterzeit vorgenommen wird. Im Frühjahr werden die Arbeits- und Ruhephasen um eine Stunde vor und im Herbst wieder um eine Stunde zurückverlegt. Dies mag eine nicht so große Verschiebung für die circadiane Zeitordnung sein, aber für die vollständige Anpassung benötigt man zumeist mehrere Tage.

Es gibt statistische Anhaltspunkte dafür, daß in der Woche nach der Umstellung die Zahl der Straßenunfälle zunimmt. Auch hier sind die entstehenden Belastungen individuell sehr unterschiedlich. Der eine klagt über Umstellungsschwierigkeiten, ein anderer merkt es kaum.[65] Besondere Probleme treten aber dort auf, wo Menschen durch ihren Beruf ständigen Rhythmusverschiebungen ausgesetzt sind. Das betrifft besonders das Flugpersonal und die Schichtarbeiter. Das Flugpersonal überquert immer wieder Zeitzonen und ist damit laufend Zeitverschiebungen ausgesetzt, die circadiane biologische Ordnung muß sich permanent umstellen. Die Chronobiologie hat Empfehlungen zur Vermeidung dieses Problems erarbeitet: Früher waren die Dienstpläne so ausgelegt, daß einige Tage zwischen dem Hin- und Rückflug lagen, damit sich Piloten und Stewardessen erholen konnten. Sie hielten sich also am Zielort einige Zeit auf, und ihr Organismus begann sich auf die jeweilige Ortszeit einzustellen. Nach dem Rückflug wurde dieser Synchronisationsvorgang dann wieder gestört. Beim nächsten Flug begann das gleiche, so daß sie sich in einem andauernden Zustand der Umsynchronisation befanden. Das belastete natürlich das Flugpersonal außerordentlich. Heute verfährt man ganz anders: Der Aufenthalt am Zielort wird so kurz wie möglich gehalten, zum Beispiel einen Tag, und der Rückflug bald angeschlossen. So bleibt der Organismus im heimatlichen Tagesrhythmus und beginnt erst gar keine Anpassung an den des Zielortes. Dadurch können diese Schwierigkeiten weitgehend umgangen werden.

Schichtarbeiter sind ebenfalls ständigen Umstellungen ausgesetzt. Die jeweilige Belastung hängt dabei wesentlich von dem Schichtsystem ab: Einzelne Nachtschichten in größeren Abständen werden noch relativ gut vertragen. Aber mit zwei oder drei Nachtschichten hintereinander beginnen für die Betroffenen schwerwiegende Probleme in ihren tagesrhythmischen Abläufen. Je mehr Nachtschichten sie nacheinander absolvieren müssen, desto stärker geraten ihre Tagesrhythmen hinsichtlich der Amplitude und Phasenlage durcheinander. Besonders belastend sind die wöchentlich wechselnden Dreischicht-Systeme. Die Arbeiter und Arbeiterinnen müssen sich immer wieder neu an andere Tagesabläufe gewöhnen; das beeinflußt unter anderem ihre Schlaf-Wach-Zyklen, ihre Mahlzeiten und ihre ganzen Beziehungen zu anderen Menschen, insbesondere der Familie. Solche permanenten Rhythmussprünge können schwerwiegende Probleme mit Leistungsminderungen bis hin zu manifesten Erkrankungen zur Folge haben. Oft stellen sich nicht alle Körperfunktionen auf Veränderungen des Arbeitsrhythmus um. So kann etwa die Körpertemperatur bei Nachtarbeitern auch während der Schlafphase am Tag relativ hoch bleiben. Die Tiefpunkte der physiologischen Leistungsfunktionen gehen einher mit deutlichen Verringerungen der Aufmerksamkeit und Konzentrationsfähigkeit. Muß während solcher Zeiten gearbeitet werden, kann es zu Fehlern kommen. Es gibt aber wiederum erhebliche individuelle Unterschiede in der Toleranz gegenüber solchen Belastungen. So zeigte sich, daß Abendtypen die Nacht- und Schichtarbeit viel besser tolerieren als Morgentypen. Es kommt sogar zu einer Auslese: Morgentypen stehen ständige Rhythmusverschiebungen nicht lange durch, sind dabei anfälliger für Erkrankungen und scheiden nach einigen Jahren aus diesen Arbeitsbereichen aus, während Abendtypen es oft viele Jahre lang schaffen.[46]

In vielen Bereichen werden die Probleme einer unvollständigen Anpassung an die jeweiligen Schichtdienste noch sehr unterschätzt, obwohl die vielfältigsten Untersuchungen gezeigt haben, daß Arbeitsfehler sich in den frühen Morgenstunden (ca. 3 Uhr bis 5 Uhr) häufen. Bei den Arbeitsplänen zum Beispiel von Piloten, Lokomotivführern und Lastwagenfahrern werden als Erholungsphasen häufig nur die dem Dienst vorangegangenen freien Zeiten berücksichtigt, während die tagesrhythmischen Zusammenhänge weitgehend unberücksichtigt bleiben. Die Konsequenzen können fatal sein. So tragen Fehler von Piloten oder Fluglotsen zu Flugzeugunglücken bei, und man darf sicher sein, daß dies zu einem Teil durch unvollständige Anpassungen an den Arbeitsrhythmus zustande kommt.[65]

Folgendes Beispiel, das so eindrucksvoll wie hoffentlich einmalig ist, sei angeführt: Aus einer 1978 in den USA veröffentlichten Notiz geht hervor, daß Fluglotsen des Flughafens von Los Angeles eines

Nachts schockiert feststellten, daß eine Boeing 707, die auf diesem Flugplatz hätte landen sollen, in 10.000 m Höhe über Los Angeles hinweg über den Pazifik weiter nach Westen flog. Die gesamte Mannschaft im Cockpit war eingeschlafen, und das Flugzeug wurde per Autopilot geflogen. Erst als die Maschine schon 100 Meilen weit über dem Pazifischen Ozean war, gelang es den Fluglotsen, die Mannschaft zu wecken, indem sie eine Serie von Alarmsignalen im Cockpit auslösten. Glücklicherweise hatte das Flugzeug genug Brennstoff für die Rückreise nach Los Angeles.[65]

Der Unfall im Atomkraftwerk Three Mile Island im Jahre 1979 geschah um 4 Uhr morgens, in der Mitte der Nachtschicht. Die Arbeiter hatten erst wenige Tage zuvor auf die Nachtschicht gewechselt und seit sechs Wochen wöchentliche Schichtwechsel rund um die Uhr gehabt.[65]

Im einzelnen ist es natürlich schwer, die Ursachen für solche Unfälle zu finden; meist kommen viele Faktoren zusammen. Aber die Mißachtung der natürlichen Rhythmen bleibt gewiß nicht folgenlos.

Aus alledem wird deutlich, daß die intakte Synchronisation des gesamten circadianen Systems eine unbedingte Voraussetzung für Gesundheit und Leistungsfähigkeit ist. Es ist noch kaum allgemein bewußt, wie weit verbreitet circadiane Rhythmusstörungen heute sind.

Die tagesrhythmische Organisation ist tief im menschlichen Organismus verwurzelt. Schlafen und Wachen sind als aktive seelisch-geistige Leistungen in bestimmte Phasen des Tages und der Nacht integriert und sind damit nicht nur Folgen von Abnutzung und Ermüdung beziehungsweise der Erholung davon.

Dies erkannte bereits 1798 der Arzt D.C.W. Hufeland. In seinem Buch *Makrobiotik oder die Kunst, das menschliche Leben zu verlängern* formulierte er es so: «Es glaubt nehmlich mancher, es sey völlig einerley, wenn man diese 7 Stunden schliefe, ob des Tages oder des Nachts. Man überläßt sich also Abends so lange wie möglich seiner Lust zum Studiren oder zum Vergnügen, und glaubt es völlig beyzubringen, wenn man die Stunden in den Vormittag hinein schläft, die man der Mitternacht nahm. Aber ich muß jeden, dem seine Gesundheit lieb ist, bitten, sich für diesem verführerischem Irrtum zu hüten.»[11]

75

3.
Die Stundenrhythmen

Im Verlaufe der Beschreibung rhythmischer Phänomene des Menschen sind wir bisher von den kurzwelligen Rhythmen fortgeschritten zu denjenigen mit längerer Periodendauer. Nachdem der Tagesrhythmus betrachtet wurde, wollen wir jetzt noch einmal in den mittelwelligen Bereich zu Rhythmen zurückgehen, die den Tageslauf selbst in kürzere Abschnitte unterteilen. Solche Periodizitäten werden ultradiane Rhythmen genannt.

Wir wollen von den Phasen des nächtlichen Schlafes ausgehen:
Bevor Hans Berger in den zwanziger und dreißiger Jahren das Elektroenzephalogramm (EEG = Ableitung elektrischer Gehirnströme an der Kopfhaut) entwickelte, wurde als ein Maß für die Schlaftiefe die Intensität eines Reizes herangezogen, der für das Wecken eines Schlafenden notwendig ist. Aus solchen Untersuchungen wußte man, daß die Schlaftiefe im Laufe der Nacht offenbar variiert. Heute können mit Hilfe des EEG mehrere Schlafstadien differenziert werden, wie es in Abbildung 19 dargestellt ist. Neben dem Wachen (W) sind die Stadien A bis E zu unterscheiden. Diese Stadien werden im Laufe der Nacht mehrfach, meist drei- bis fünfmal, durchlaufen, was die eingezeichnete Linie andeutet. Dabei wird gegen Morgen die maximale Schlaftiefe (Stadium E) meist nicht mehr erreicht.

Das Stadium B, das in der Zeichnung mit senkrechten Balken unterlegt ist, wiederholt sich etwa alle eineinhalb Stunden, dauert ca. zwanzig Minuten an und zeigt dabei einige Besonderheiten: Die Muskulatur ist während dieser Phase, ähnlich wie im Tiefschlaf, fast völlig

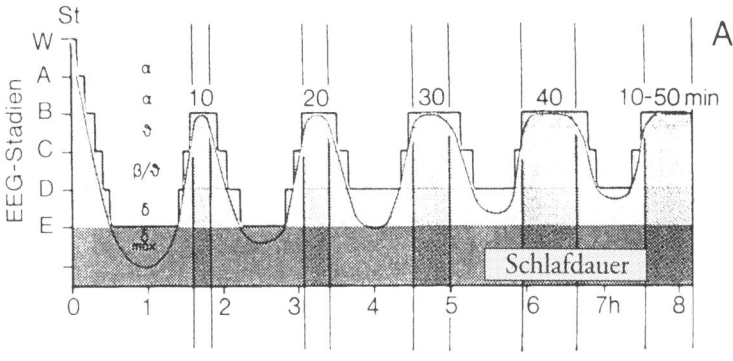

Abb. 19:
Verlauf der Schlafstadien innerhalb eines achtstündigen Schlafes. Die Buchstaben
A bis E bezeichnen die Schlaftiefe; das Stadium des tiefsten Schlafes ist dunkel
unterlegt, W = Wachheit. Etwa alle eineinhalb Stunden wird eine REM-Phase
durchlaufen. (Aus: Schmidt / Thews,[81] S. 169, Abb. 7 – 14)

entspannt, der Muskeltonus (die Grundspannung der Muskulatur)
erlischt nahezu vollständig. Es kommt aber zu Salven schneller Au-
genbewegungen, die für dieses Stadium so charakteristisch sind, daß
es als REM-Stadium bezeichnet wird (von «rapid eye movements»).
Die Weckschwelle ist etwa so hoch wie im Tiefschlaf, während das
EEG einem Einschlaf-EEG gleicht.[81] Aufgrund dieser Verhältnisse
wird das REM-Stadium auch «paradoxer Schlaf» genannt. Spontanes
Erwachen erfolgt meist aus dem REM-Schlaf. Auch wenn man sich
vornimmt, zu einer bestimmten Zeit aufzuwachen, gelingt dies meist
aus einer REM-Phase. Träume treten meistens im REM-Schlaf auf.
Werden Schlafende mitten in einer REM-Phase geweckt, berichten
sie meist über einen lebhaften Traum, während das beim Wecken aus
den anderen Phasen seltener ist. In letzteren dagegen kommt es eher
zu Aktivitäten wie Sprechen und Körperbewegungen. Schlafwandeln
wäre bei der hochgradigen Muskelerschlaffung im REM-Schlaf nicht
möglich.

77

Häufig werden dem REM-Schlaf alle übrigen Stadien als sogenannter Nicht-REM-Schlaf gegenübergestellt. Man kann also sagen, daß im Schlaf ein rhythmischer Wechsel zwischen REM- und Nicht-REM-Schlaf durchgemacht wird, und zwar mit einer gleichbleibenden Periodendauer von eineinhalb Stunden.

Bei der näheren Untersuchung des Schlafes ging man der Frage nach, was das periodische Erscheinen der REM-Phasen auslöst, aber man hat darauf bis heute noch keine eindeutige Antwort finden können. Kleitmann stellte Anfang der sechziger Jahre die Hypothese auf, daß der Wechsel von REM- und Nicht-REM-Phasen lediglich die schlafbedingte Erscheinung eines über den ganzen Tag verlaufenden Rhythmus von etwa neunzigminütiger Periodendauer sei. Er nannte ihn «Basalen-Ruhe-Aktivitätszyklus» («basic rest activity cycle» = BRAC). Für die Forscher gilt es seitdem, diesen Rhythmus auch am Tage aufzufinden.

Bisher konnte für mindestens drei physiologische Systeme ein solcher ca. neunzigminütiger Rhythmus tatsächlich gezeigt werden: für die Nierensekretion, die Magenbewegungen und für einige psychophysiologische Funktionen, wobei offenbar die ersten beiden nicht in unmittelbarer Beziehung zum rhythmischen Wechsel zwischen REM- und Nicht-REM-Phase des Schlafes stehen.[60] Im folgenden soll das Hauptaugenmerk auf die letztgenannten Vorgänge gerichtet sein.

In einer Reihe von Untersuchungen wurde versucht, auf indirektem Wege zu Einblicken in die zeitliche Struktur dieser Funktionen zu gelangen. So bestimmte man beispielsweise das EEG über den ganzen Tag hinweg und machte parallel dazu Beobachtungen über das Auftreten von Tagträumen, jenem assoziativen Imaginieren, das wir unwillkürlich im Wachzustand stimmungsabhängig vollziehen, ähnlich dem Entstehen von Bildern beim Einschlafen.[60] Auf beiden Wegen wurden neunzigminütige Rhythmen gefunden.

In anderen Untersuchungen konnten bei normalem Tagesgang Veränderungen der Aufmerksamkeit in Perioden von sechzig bis hundert Minuten aufgezeigt werden. Die Periodik in der ersten Hälfte des Tages war dabei deutlicher als in der zweiten Hälfte, in welcher sich außerdem längere Periodizitäten andeuteten. Möglicherweise kommen auch unterschiedliche Frequenzen bei verschiedenen Personen sowie Frequenzveränderungen bei ein und derselben Person vor.[60] In anderen Ansätzen ging man davon aus, daß sich der BRAC-Rhythmus auch in variierenden Graden von Müdigkeit – und damit der Fähigkeit einzuschlafen – zeigen müßte. So sollten zum Beispiel Personen zu unterschiedlichen Zeiten am Tage versuchen einzuschlafen. Hier zeigte sich tatsächlich ein ca. neunzigminütiger Rhythmus. Diese ultradianen Variationen waren aber wiederum am Morgen deutlicher als am Nachmittag und Abend. Die ultradiane Rhythmik war bei diesen Versuchen natürlich beeinflußt vom gesamten Tagesrhythmus, beispielsweise vom Phänomen der verstärkten Schläfrigkeit in der frühen Nachmittagszeit. Bei anderen Untersuchungen dieser Art dominierte eher ein Zyklus von drei bis vier Stunden.[60]

Ähnliche Versuche wurden auch in umgekehrter Weise durchgeführt: Nach einer durchwachten Nacht sollten die Versuchspersonen zu verschiedenen Zeiten am Tag für jeweils sieben Minuten versuchen, in einem verdunkelten Raum liegend wach zu bleiben. Das Erscheinen unwiderstehlicher Schlafperioden während des Tages zeigte ebenfalls ultradiane Variationen, besonders deutlich am Vormittag und frühen Nachmittag, während es zwischen 18 und 23 Uhr trotz des fortschreitenden Schlafentzuges weniger schwerfiel, wach zu bleiben. Nach 23 Uhr war es natürlich sehr schwer, die Müdigkeit noch zu überwinden.

Wachheit und Schlafneigung durchlaufen also in unterschiedlichem Ausmaß, jedoch nachts wie tags, einen ultradianen Rhythmus von etwa neunzig Minuten. Da sich dies aber bei einigen Untersuchungen am Vormittag deutlicher zeigte als am Spätnachmittag und Abend, muß bislang noch offenbleiben, ob die «BRAC-Hypothese» zutrifft oder ob es sich eher um eine Fortsetzung der REM-Periodik nach dem Aufwachen handelt, die dann im Laufe des Tages ausklingt. Abbildung 20 zeigt hypothetisch, wie die Ultradianrhythmik aussehen könnte und wie sie den circadianen Rhythmus überlagert.

Die ultradianen Schwankungen betreffen im normalen Tageslauf offenbar vor allem die psychische Leistungsfähigkeit und damit Aufmerksamkeit und Konzentrationsfähigkeit. Im einzelnen dürfte es schwerfallen, im praktischen Berufsleben Rücksicht auf diese Rhythmik zu nehmen. Meist kann man sie im normal ausgeruhten Zustand tagsüber beherrschen und überwinden, da sie offenbar durch das Bewußtsein beeinflußbar ist, worauf unter anderem Erfahrungen aus den Experimenten hinweisen: Einige Untersucher fanden ultradiane Rhythmen eher, wenn der Versuchsperson keine oder wenig fordernde Aufgaben gestellt wurden, während bei der Durchführung von Aufgaben mit gewissen Anforderungen eine solche Periodizität weniger deutlich war.[59] Bei hoch motivierten Versuchspersonen waren schwerer ultradiane Rhythmen festzustellen als bei solchen, denen das Ergebnis des durchgeführten Tests egal war.[8] Überhaupt scheint die ultradiane Periodik sehr variabel und beeinflußbar zu sein, was möglicherweise zu den Schwierigkeiten ihrer Erforschung beiträgt. Sicherlich spielen auch starke individuelle Unterschiede eine nicht zu unterschätzende Rolle.

Wenn auch der Erwachsene die Fähigkeit haben sollte, selbst mit diesen Rhythmen der Aufmerksamkeitsschwankungen weitgehend fertig zu werden, so ist es aber doch um so wichtiger, auf sie bei der Beanspruchung des Kindes zu achten. Das geht besonders die Schule an. So erscheint beispielsweise die Wahl von 45 Minuten für eine Unterrichtsstunde sehr sinnvoll, und eine Doppelstunde mit 90 Minuten trifft dann genau die richtige Periodendauer. Danach ist eine Pause zumindest der Konzentrationsleistung angebracht. Durch die Gestaltung des morgendlichen Hauptunterrichtes in den Waldorfschulen, der oft mehr als anderthalb Stunden dauert, ist der genannte Grundrhythmus durch den einleitenden «rhythmischen Teil» oder eine entsprechende Zeit des langsamen Ausklingens bewußt zu berücksichtigen.

Ungleichmäßige Lebensweisen und Arbeitspläne haben Einfluß auf die Rhythmik im Tagesverlauf. Kehren wir dazu noch einmal zurück zur Abbildung 12, S. 53: Die obere Kurve zeigt den normalen Tages-

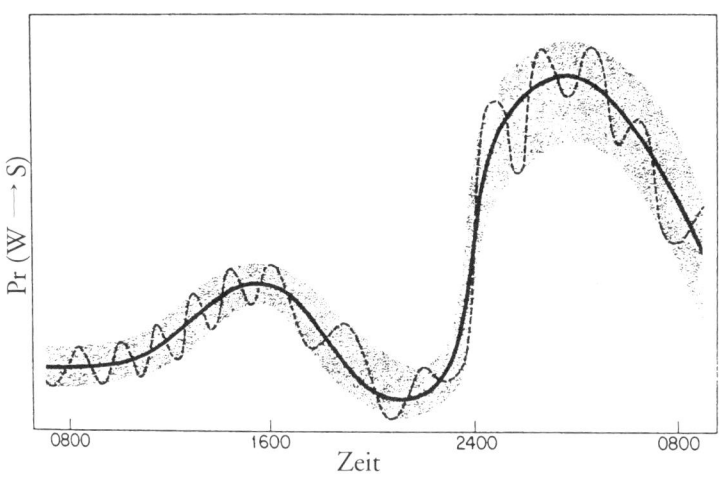

Abb. 20:
Schematische Darstellung eines ultradianen Rhythmus der Schlafneigung.
(Aus: P. Lavie,[60] S. 160, Fig. 4)

gang der Reaktionszeit bei ausgeschlafenen Versuchspersonen, wie sie im Zusammenhang mit der Erforschung der circadianen Organisation ermittelt wurde. Man läßt sie dazu auf ein akustisches Signal hin eine Taste drücken und ermittelt die inzwischen abgelaufene Zeitspanne. Deutlich ist der 24stündige Rhythmus zu erkennen mit kurzen Reaktionszeiten am Tage und verlängerten in den Nachtstunden. Eine Mittagssenke der Reaktionsdauer ist dabei nur angedeutet. Die zweite Kurve zeigt ebenso statistisch den Tagesgang der Fehlleistungen von Schichtarbeitern in der Industrie. Neben dem normalen Tagesverlauf mit dem Maximum der Fehlleistungen nachts um 3 Uhr ist hier ein deutliches Nebenmaximum am frühen Nachmittag zu erkennen. Offenbar taucht also bei weniger gut ausgeschlafenen Personen – was Schichtarbeiter meistens sind – ein deutlicheres Leistungstief in der späten Mittagszeit auf. Noch deutlicher wird dies in der dritten Kurve, die zeigt, wie häufig es vorkommt, daß schlecht ausgeruhte

81

Personen am Autosteuer einschlafen. Das mittägliche Maximum ist hier fast genauso hoch wie das in der Nacht! Der normale Tagesgang ist also bei mangelhaft ausgeruhten Personen von einer 12stündigen Rhythmik überlagert! Bei großen Belastungen treten sogar noch kürzere Perioden auf, was besonders das Beispiel der Lokomotivführer zeigt, die völlig unregelmäßige Wechselschichten unter erschwerten Bedingungen zu leisten haben.[61]

Bei einigen der in Kapitel 2.3. beschriebenen Bunkerversuche wurden jeweils zu Beginn, also während der Anpassung an die neue Situation, und in der Erholungszeit danach ähnlich ultradiane Rhythmen physiologischer Funktionen beobachtet. In diesen Übergangszeiten dominierten sie sogar über die circadiane Periodik. Offenbar wird also die ultradiane Rhythmik bei Müdigkeit und besonderen Belastungen deutlicher. Zuerst erscheint dann ein 12-Stunden-Rhythmus, danach folgen weitere Unterteilungen des Tagesrhythmus.

Diese Verhältnisse kennt jeder auch aus der eigenen Erfahrung: Je weniger man allgemein ausgeruht ist, um so mehr tendiert man zum Mittagsschlaf. Ist man regelrecht übernächtigt, so gibt es mehrere Zeiten am Tage, zu denen es einigermaßen gelingt, bei seinen Tätigkeiten aufmerksam zu bleiben; zu anderen gelingt es weniger gut. Ist man normal ausgeschlafen und mit dem Tagesrhythmus synchron, dürfte sich die ultradiane Rhythmik nur sehr gering bemerkbar machen. Doch ist auch beispielsweise jedes Erwachsenen-Publikum kaum länger als eineinhalb Stunden geneigt, einem Vortragsredner zuzuhören. So sehr ist dieser Rhythmus unterschwellig auch am Tage anwesend.

Übrigens kommt es auch dann zu einer Mittagssenke, wenn vorher keine Mahlzeit eingenommen wurde. Es handelt sich also tatsächlich um eine endogene rhythmische Erscheinung als Teil der ultradianen Periodik und nicht nur um eine Reaktion auf die mittägliche Mahlzeit.

Hier erscheint nun deutlich wieder das Gesetz der ganzzahligen Frequenzverhältnisse: Der circadiane Rhythmus steht zum 12-Stunden-Rhythmus der Schlafneigung (circasemidianer Rhythmus) im

Verhältnis von 1 : 2 und zum 90-Minuten-Rhythmus von 1 : 16. Auch dazwischenliegende Frequenzverhältnisse wie zum Beispiel 1 : 4 und 1 : 8 sind in der Forschung beschrieben worden.[8]

Im Kapitel über die Rhythmik bei Kindern werden wir sehen, wie sich der Tagesrhythmus im Laufe der Entwicklung allmählich aus einem ultradianen Rhythmus (drei- bis vierstündige Periodendauer) entwickelt. Bei außergewöhnlichen Belastungen scheint also auch der Erwachsene wieder zu einem Grundrhythmus mit kürzeren Wellenlängen zurückzukehren, der eine ursprüngliche zeitliche Organisationsform darstellt.[87]

4.
Wochen-, Monats- und Jahresrhythmen

4.1.
Der Wochenrhythmus

Auch der Wochenrhythmus hat für den Menschen eine große Bedeutung, spielen sich doch das Arbeitsleben sowie das soziale und das religiöse Leben ganz innerhalb der Sieben-Tage-Woche ab. Für Biologie, Medizin und Pädagogik stellt sich die Frage, ob auch diesem zunächst kulturellen Rhythmus ein dem Organismus eingeprägter Rhythmus zugrunde liegt. In der unbeeinflußten, normalen Organisation des menschlichen Organismus konnte in verschiedenen Untersuchungen zwar ein Wochenrhythmus gefunden werden, aber bei normal angepaßter Lebensweise äußert er sich kaum oder mit nur geringfügigen Erscheinungen.

Weitaus deutlicher tritt der Wochenrhythmus aber zutage, wenn der Organismus auf Belastungen, starke Veränderungen, therapeutische Maßnahmen und ähnliches zu reagieren hat. Die Anpassungsverläufe, die durch solche Einwirkungen angestoßen werden, sind klar in siebentägige Perioden gegliedert. Dabei ist der Zeitpunkt des Anstoßes entscheidend für die Phasenlage. Das bedeutet, daß diese Periodik weitgehend unabhängig ist von den kalendarischen Wochentagen. Nach einem einschneidenden Anstoß kommt es innerhalb der ersten Woche zu einem allmählichen Fortschritt der Anpassung an die neuen Verhältnisse, aber um den siebten Tag oft zu einer Art Krise oder einem besonderen Schub, ebenso am 14. und 21. Tag. Bei vielen

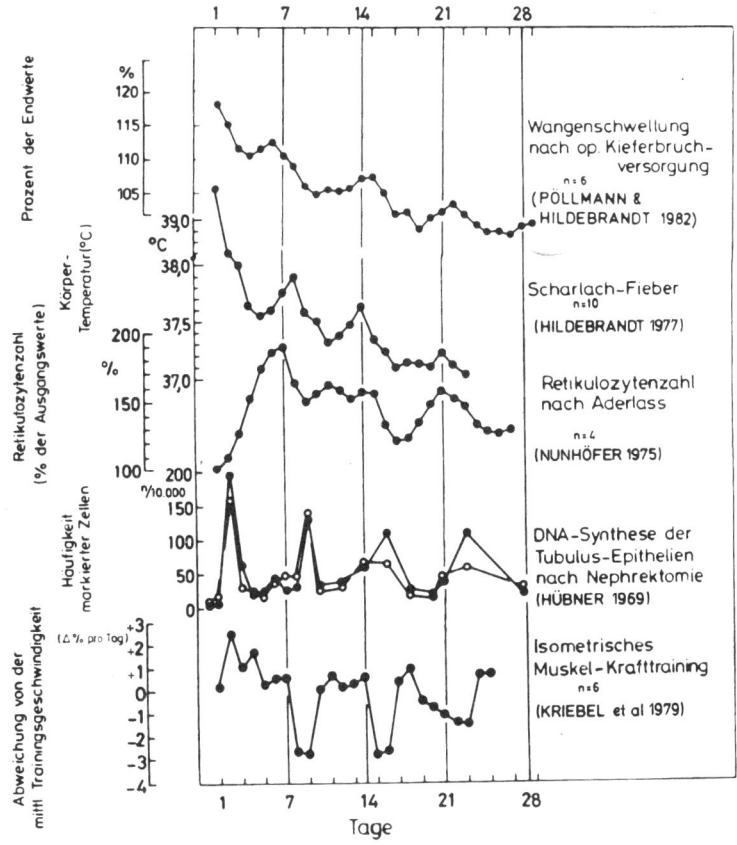

Abb. 21:
Reaktive Wochenrhythmen. (Aus: G. Hildebrandt,[49] S. 29, Abb. 6)

dieser angestoßenen Reaktionen wird die Amplitude, die Abweichung vom Normalen, dann langsam kleiner, bis der Vorgang, die Anpassung, abgeschlossen ist, oft im Bereich der vierten Woche.[49] Dieses Prinzip einer allmählichen Verringerung der Amplitude nennt man «gedämpfte Schwingung».

Abbildung 21 zeigt eine Reihe von Beispielen für solche Reaktionen. Die obere Kurve illustriert, wie die Wundheilung in siebentägige Perioden gegliedert ist. In diesem Falle wurde mit einfachen Dickenmessungen der Wange der Heilungsverlauf von operativ versorgten Kieferbrüchen verfolgt. Bei allmählicher Abnahme der Schwellung kommt es jeweils am siebten, am 14. und am 21. Tag zu vorübergehenden Zunahmen. Der Scharlach zeigt bei unkomplizierten Verläufen einen deutlich circaseptan gegliederten Fieberverlauf. Kommt es zu Nierenkomplikationen, treten sie um den 21. Tag auf. Nach einem Aderlaß oder bei Reisen ins Hochgebirge müssen vermehrt rote Blutkörperchen gebildet werden (im Hochgebirge deshalb, weil in der Höhe der Sauerstoffgehalt der Luft niedrig ist und mehr Erythrozyten für den Sauerstofftransport im Blut benötigt werden). Diese Blutbildungsreaktion verläuft ebenfalls in siebentägigen Schüben.[46] Im Tierexperiment wurde nachgewiesen, daß das kompensatorische Wachstum einer Niere nach Entfernung der anderen über lange Zeit in einem deutlichen siebentägigen Rhythmus verläuft. Beim Training von atrophischer (verkleinerter) Muskulatur (reversibler Muskelschwund zum Beispiel nach langer Ruhigstellung in einem Gipsverband) erfolgt der Kraftzuwachs im siebentägig gegliederten Rhythmus so lange, bis die normale Kraftlage wiederhergestellt ist. Im einzelnen betrifft dies also die Heilungsabläufe, die Erholungs- und Regenerationsabläufe und alle Anpassungen an neue Situationen, bis ein physiologisch normalisierter Status wieder erreicht ist. Die Wiederherstellung der Ordnung im Organismus und seine Veränderung bei Anpassungen erfolgt in der siebentägigen Gliederung.[49, 51, 52]

Das Wissen um diese circaseptan gegliederte Reaktion hat natürlich große praktische Bedeutung. So kennt man im medizinischen Bereich zum Beispiel die circaseptan verteilten Häufigkeiten der Abstoßungsreaktion nach Organtransplantationen. Bei vielen akuten Krankheiten sind circaseptan gegliederte Verläufe zu erkennen, wie etwa bei der Lungenentzündung mit einer Krise um den siebten Tag.

Bei den periodischen Krankheitsverläufen gibt es am häufigsten siebentägige, aber auch etwa 14-, 21- und 28tägige Perioden.

Daneben kommen aber auch neun- bis zehntägige und 18- bis 20tägige Reaktionsperioden vor.

Bei Kurbehandlungen sind vielfach circaseptane Verläufe beobachtet worden. Eine solche Behandlung ist ja ebenfalls ein angestoßener Prozeß – der erste Anstoß ist hier der Beginn der Kur. Dazu tragen wohl der Klimawechsel, die neue Umgebung, ein anderer Tagesablauf, der Beginn von Therapien usw. bei. Die größten Ausschläge der rhythmischen Reaktion liegen meist in der ersten Kurhälfte um den siebten Tag, weitere folgen dann im Bereich des 14. und des 21. Kurtages.[46, 49] Dieser Reaktionsverlauf mit seinen typischen siebentägigen Umstellungen («vegetative Gesamtumschaltung in siebentägigen Rhythmen») kann an den unterschiedlichsten Vorgängen im Organismus aufgezeigt werden. Er geht einher mit der bekannten Krisensymptomatik im Bereich dieser Umstellungstage. So hat zum Beispiel die Häufigkeit von akuten entzündlichen Zahnerkrankungen, psychischen Befindensstörungen und auch von Todesfällen ein Maximum um den 7., 14. etc. Tag der Kurbehandlung. Daß es sich tatsächlich um angestoßene Reaktionen und nicht um den normalen Wochenrhythmus handelt, konnte durch Untersuchungen gezeigt werden, die über die Kurpatienten hinaus auf unbehandelte Einheimische desselben Kurortes ausgedehnt wurden. Bei ihnen traten die typischen Verlaufskurven der Kurpatienten nicht auf.[46, 49] Auch am Heimatort können durch Belastungen oder Therapien circaseptanperiodisch gegliederte Reaktionen gefunden werden. Das ist sogar möglich, wenn die entsprechenden Einflüsse nur jeweils kurz, aber wiederholt einwirken.

So darf man davon ausgehen, daß jede ungewohnte Veränderung der Lebenssituation einen Anpassungsprozeß anstoßen kann, der in einer circaseptanen Gliederung verläuft. Das trifft auch auf Reisen zu, die ja zumeist mit Veränderungen des Klimas, der Umgebung und der Gewohnheiten einhergehen. Oft empfinden wir es als erfrischend, für eine gewisse Zeit die Gewohnheiten des Alltags hinter uns lassen zu können. Die Anpassung an die neue Situation verläuft in circaseptanen Perioden. So kennt man möglicherweise aus eigener Erfahrung, daß sich im Urlaub nach der ersten Woche etwa Zahnschmerzen oder andere

Schmerzen oder Probleme einstellen. In solchen Fällen erhalten bereits vorhandene, unterschwellige Erkrankungen durch die angestoßenen Umstellungen einen neuen Impuls und kommen nach etwa sieben Tagen zum Ausbruch.

Viele der reaktiven Wochenrhythmen klingen nach ca. vier Wochen mit niedriger Amplitude aus. Daraus ergibt sich auch, daß vier Wochen eine gute Zeitdauer für den Urlaub sind. Für Kuren stellen sie bekanntlich ein Mindestmaß dar.

Im normalen Arbeitsrhythmus erweist sich die Sieben-Tage-Woche so als eine kulturelle Einrichtung, die seit frühgeschichtlichen Zeiten die physiologisch-biologische Rhythmik auffängt und durch das Wochenende immer wieder aufs neue anstößt.

Dadurch, daß der Wochenrhythmus selbst nicht spontan einsetzt, sondern zu den reaktiven Rhythmen zählt, weist er durch eben diese seine Natur auf einen umfassenderen Spontanrhythmus, den Monatsrhythmus. Beim circadianen Rhythmus trafen wir, wenn er durch eingreifende Störungen (Schlafentzug, Flugreisen etc.) beeinflußt wird, auf halbierte, gedrittelte und geviertelte Perioden. So ist der circaseptane Rhythmus als reaktiver Rhythmus selbst eine Viertelung des in längeren Wellen verlaufenden Monatsrhythmus.

4.2.
Der Monatsrhythmus

Der Monatsrhythmus ist ein ausgesprochen autonomer, spontaner Rhythmus. Er zeigt sich zum Beispiel besonders durch den Wechsel von Zeiten der Fruchtbarkeit und Unfruchtbarkeit bei der Frau und den damit zusammenhängenden Regelblutungen. Die Periodendauer beträgt, individuell verschieden, etwa 28 (±7) Tage. Dieser sogenannte Menstruationszyklus (griech.: mene = Mond, lat. mensis = Monat, Monatsfluß) hängt unmittelbar mit Veränderungen in der Ausschüttung von Hormonen zusammen, wie Abbildung 22 dies darstellt.

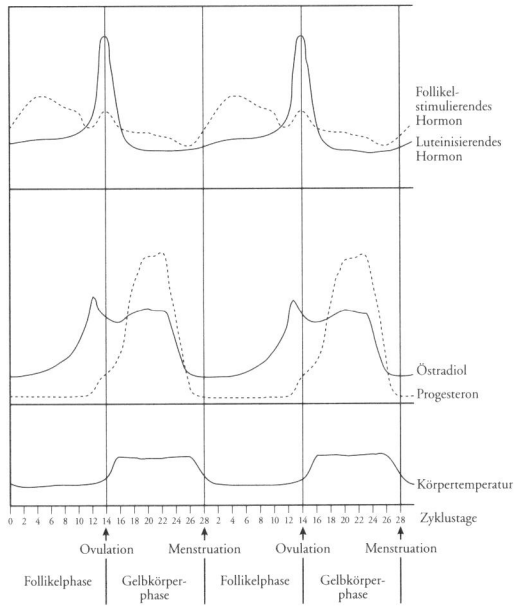

Abb. 22:
Rhythmische Veränderungen der Geschlechtshormone im Blut (Plasmakonzentra-
tionen) im Verlaufe zweier Menstruationszyklen der Frau.
(Aus: Schmidt / Thews,[81] S. 739; verändert)

Gezeigt ist der Verlauf der Hormonkonzentrationen in der Blutflüs-
sigkeit als Hinweis auf die jeweils von den entsprechenden Hormon-
drüsen ausgeschüttete Menge. Im oberen Teil der Abbildung sind diejenigen Hormone dargestellt, die von der Hirnanhangsdrüse kommen,
im mittleren Teil diejenigen, die von den Eierstöcken gebildet werden.

Es soll hier anhand der Abbildung nur darauf aufmerksam gemacht
werden, daß der Menstruationszyklus das Ergebnis rhythmisch geordneter Wirkungen der Hormone ist. Deren Rhythmen nehmen ganz
bestimmte Phasenbeziehungen zueinander ein, aus denen sich ihre
Wirkungen ergeben. Diese rhythmische Ordnung und Gliederung ist
die Voraussetzung für den gesunden Ablauf des weiblichen Zyklus.

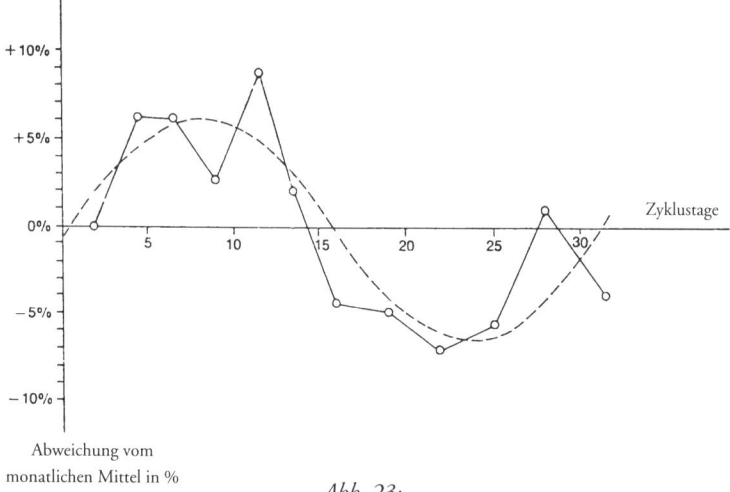

+ 10%

+ 5%

0%

−5%

−10%

Abweichung vom
monatlichen Mittel in %

Abb. 23:
Monatlicher Rhythmus der Schmerzempfindlichkeit der Haut bei Frauen in Ab-
hängigkeit vom Menstruationszyklus. Gezeichnet ist die prozentuale Abweichung
vom monatlichen Mittelwert. Die Daten wurden erhoben durch mehrere Tests, bei
denen die nötige Intensität eines Schmerzreizes (z.B. Nadeldruck) zur Auslösung
geringfügiger Schmerzen gemessen wurde. (Aus: J. D. Palmer,[67] S. 172)

Die Umstellungen betreffen aber nicht nur die generativen Funktionen mit den Veränderungen am Eierstock und an der Gebär-
mutter, sondern beeinflussen ebenso weitere physiologische und
auch seelische Prozesse. Im unteren Teil der Abbildung 22 ist als
Beispiel die Körpertemperatur dargestellt, die sich im Zyklusverlauf
ändert und um die Zeit des Eisprunges ansteigt.

Die hormonellen Einflüsse auf die psychische Grundstimmung
sind zum Beispiel durch Bestimmungen der Reaktionszeit leicht zu
erfassen. Diese verändert sich in enger Bindung an den Menstruationszyklus, und zwar unterschiedlich je nach dessen Länge: Bei
Frauen mit kurzen Zyklen liegt das Reaktionsoptimum am Ende der
Follikelphase, bei langen Zyklen an deren Anfang.[44]

90

Ähnliche Einflüsse wurden in bezug auf die Schmerzempfindlichkeit festgestellt (siehe Abb. 23); in der Phase vor dem Eisprung besteht eine größere Sensibilität als in der Phase danach.[67]

Obwohl die Periodendauer des Menstruationszyklus ungefähr der des Mondumlaufrhythmus gleicht, verläuft er bei der heutigen Frau in der technologisierten Lebensweise nicht mehr damit synchron, sondern scheint sich im Laufe der geschichtlichen Evolution vom Mondenrhythmus emanzipiert zu haben und nimmt nun die Mondphasen nicht mehr als Zeitgeber an. Er ist somit zum frei laufenden Rhythmus geworden. Neuere Untersuchungen weisen aber darauf hin, daß es doch auch noch Synchronisationen mit dem Rhythmus des Mondes geben kann. Auch beim Mann wurden Monatsrhythmen analog denen der Frau gefunden.

Für die Eireifung und den Eisprung im Ovar der Frau ist noch ein weiterer Rhythmus zuständig, der in einem ganz anderen Frequenzbereich zu suchen ist. Abbildung 22 zeigt, wie um die Zeit der höchsten Konzentration des Luteinisierenden Hormons (LH) der Eisprung erfolgt. Dieses Hormon ist der unmittelbare Auslöser dafür. S.S.C. Yen und seine Mitarbeiter entdeckten nun im Jahre 1972,[96] daß LH in rhythmischen Schüben ausgeschüttet wird, die vor dem Eisprung, das heißt in der Follikelphase, in Abständen von 60 bis 120 Minuten, also ein bis zwei Stunden, erfolgen. Die Frequenz dieser LH-Pulse wird nach dem Eisprung, in der Gelbkörperphase, dann wesentlich niedriger (die Abstände liegen im Bereich mehrerer Stunden), während jedoch die Amplitude nun deutlich größer ist als in der Follikelphase. Wir erkennen hier einen ultradianen Rhythmus als Grundlage der Monatsrhythmik! Fehlen diese LH-Pulse, dann werden die Ovarien nicht mehr stimuliert, und der Eisprung sowie die Monatsblutung bleiben aus (sog. Amenorrhoe). Die betroffenen Frauen sind dann unfruchtbar; durch eine Therapie, die den beschriebenen Grundrhythmus berücksichtigt, kann dies beeinflußt werden.

Auch andere Monatsrhythmen als die der Fortpflanzungsfunktionen konnten in der Forschung dargestellt werden. Heckert[26] fand in der Literatur und in eigenen Versuchen einige synodisch-lunare

Rhythmen des Menschen. So berichtete er etwa über eine Häufung von Sterbefällen um Neumond. Ein weiteres Beispiel ist der Monatsrhythmus der Harnsäureausscheidung: Beim täglichen Abbau von Zellkernsubstanzen fällt im menschlichen Organismus Harnsäure an. Ihre Ausscheidung erfolgt nicht nur tages-, sondern auch semilunarperiodisch; Minima der Ausscheidung liegen jeweils um Vollmond und um Neumond.[26]

Bisher sind Monatsrhythmen, außer dem Menstruationsrhythmus der Frau, nur sehr wenig untersucht worden. Immerhin machen die bisherigen Ergebnisse aber deutlich, daß auch der Mondperiodik durchaus eine Bedeutung in der zeitlichen Organisation des menschlichen Organismus zugeschrieben werden muß.

4.3.
Der Jahresrhythmus

Die jahreszeitlichen Wechsel sind für die gesamte Natur auf der Erde und so auch für die meisten Pflanzen und Tiere lebensbestimmend. Auch der Mensch nimmt, bewußt oder unbewußt, intensiv am jahreszeitlichen Geschehen teil, in naturverbundenen Lebensweisen mehr als im naturfremden, städtischen Alltag. Schon in seiner Biologie, noch mehr aber durch seine technischen Mittel (Wohnung, Heizung, künstliches Licht, saisonunabhängige Nahrung etc.) ist er aber nicht so von den äußeren Jahreszeiten unmittelbar abhängig wie Tiere und Pflanzen. Neben dem natürlichen Erleben und dem Eingebundensein in den Jahresrhythmus der Natur hat der Mensch von alters her damit auch einen kulturellen Rhythmus verbunden, den er insbesondere durch das Feiern der Jahresfeste gestaltet.

Die Chronobiologie hat heute deutliche Belege dafür, daß der Organismus des Menschen in seinen physiologischen Abläufen umfangreiche Veränderungen im Jahreslauf durchmacht. Auch für diesen Jahresrhythmus gilt, ähnlich wie beim Tagesrhythmus, daß

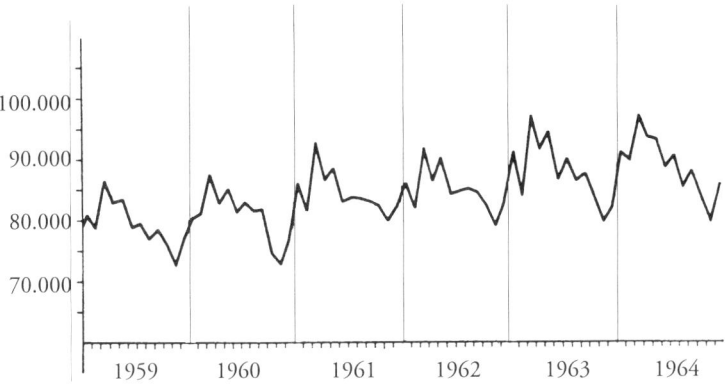

100.000
90.000
80.000
70.000

1959   1960   1961   1962   1963   1964

Abb. 24:
Jahresschwankungen der monatlichen Geburten in der Bundesrepublik Deutsch-
land 1959 – 1964. (Aus: T. Hellbrügge,[29] S. 899, Abb. 4)

die biologischen Umstellungen nicht nur die Folge von Anpassungen an die jeweiligen Bedingungen der Jahreszeiten sind, sondern einen endogenen Rhythmus zur Grundlage haben. Seine Phasenlage wird von den Jahreszeiten als Zeitgeber synchronisiert.[41, 47, 72]

Die Umstellungen im Jahresrhythmus sind nicht auf einzelne Funktionen beschränkt, sondern betreffen den ganzen Organismus. Schon der Eintritt ins Leben hat etwas mit dem Jahresrhythmus zu tun: Abbildung 24 zeigt die Schwankungen der Geburtenzahlen über mehrere Jahre hin. Von März bis Mai gibt es jährlich die meisten Geburten, in den Monaten September bis November die wenigsten. Obwohl klimatische, soziale, kulturelle und viele andere Faktoren eine Rolle dabei spielen können, darf man wohl davon ausgehen, daß diesem Jahresrhythmus eine endogene Komponente zugrunde liegt.[25] Genauso weist die Sterberate Veränderungen im Jahreslauf auf, wie Abbildung 25 zeigt. Die meisten Todesfälle kommen diesen Untersuchungen zufolge in den Wintermonaten, die wenigsten in den Sommermonaten vor. Wie macht sich aber der Verlauf des Jahres und der Jahreszeiten im Organismus bemerkbar?

93

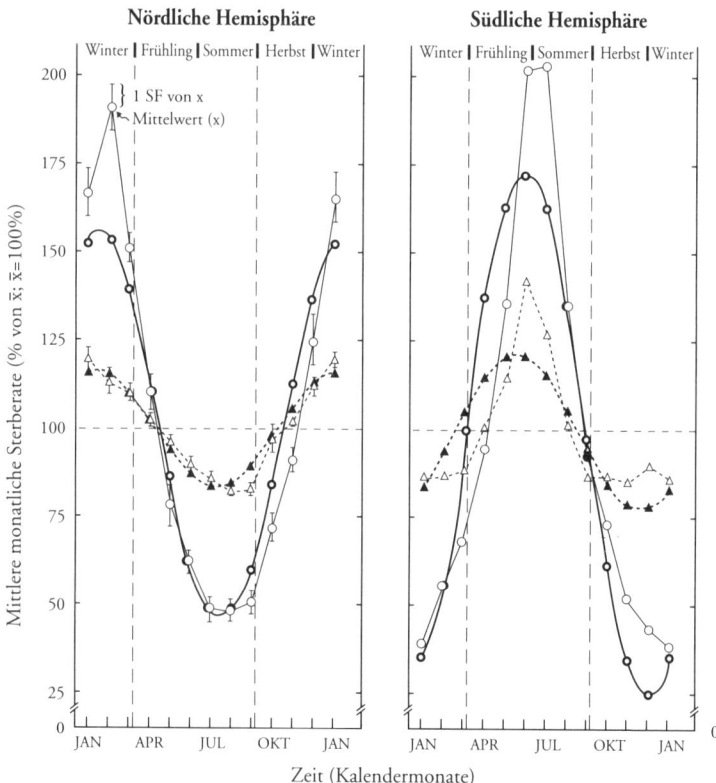

Abb. 25:
Jahresrhythmus der Sterberate. (Aus: A. Reinberg,[72] S. 480, Abb. 14)

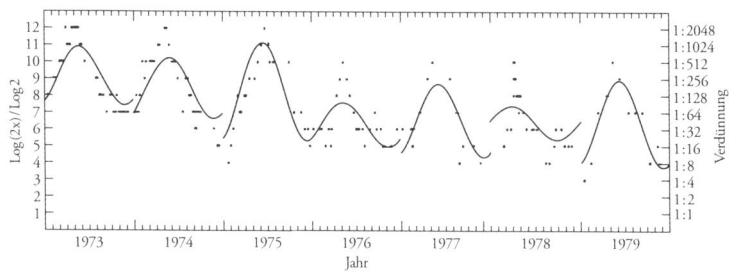

Abb. 26:
Jahresrhythmus von Röteln-Antikörpern bei einer Frau.
(Aus: Rosenblatt et al.,[77] Fig. 1)

Eine Reihe einzelner Lebensabläufe erfährt umfangreiche Veränderungen im jahresrhythmischen Wechsel. So ändert sich beispielsweise die Blutzusammensetzung im Jahresrhythmus, wie in Untersuchungen A. Reinberg und Mitarbeiter[73] feststellten. Sie zeigten für eine Reihe von Blutbestandteilen (Leukozyten, Gesamtprotein, Immunglobuline A, G und M) gleichzeitig tagesrhythmische und jahresrhythmische Schwankungen auf. Diese Untersuchungen belegen, wie auch die Immunitätslage (Abwehrfunktionen) jahresrhythmische Veränderungen durchläuft; Einzelheiten der allgemeinen Abwehrlage sind daraus allerdings noch nicht ableitbar.

In ähnlicher Weise schwingen viele andere physiologische Funktionen im Jahreslauf. So kommt es zu Veränderungen im Hormonhaushalt, im Stoffwechsel, in der Temperaturregulation, im Kreislauf, der Blutbildung und vielem anderen mehr.[72]

Ein Beispiel für den Jahresrhythmus einer immunologischen Funktion fand man bei regelmäßigen Blutuntersuchungen einer jungen Frau.[77] Dieser Frau, einer Laborassistentin, wurden zwischen 1973 und 1979 regelmäßig Blutproben entnommen und auf Röteln-Antikörper untersucht. Die Ergebnisse sind in Abbildung 26 dargestellt. Es fanden sich deutliche Schwankungen im Jahreslauf, mit Maxima im Mai und Juni.

95

Noch immer gibt es nur wenige Untersuchungen dieser Art und diesen Umfanges. Ein Grund ist die Aufwendigkeit solcher Untersuchungen, ein anderer aber auch, daß heute zumeist noch unterschätzt wird, welche Bedeutung die genaueren Kenntnisse über die zeitlichen Abläufe in jedem Organismus haben. Die Autoren des angeführten Artikels wiesen selbst auf mögliche Fehlergebnisse hin, hätte man die zeitlichen Schwankungen vernachlässigt. Eine Röteln-Antikörper-Bestimmung bei der untersuchten Frau nur im Januar hätte keine Immunität gegen Röteln erkennen lassen. Anders aber bei einer Untersuchung im Juni desselben Jahres! Es läßt sich bisher wohl kaum abschätzen, wie viele Einzeluntersuchungen auf ähnliche Weise falsch interpretiert werden.

Im Kapitel über den Tagesrhythmus haben wir schon die Tagesschwankungen immunologischer Vorgänge kennengelernt. Der «circaannuale» Rhythmus der Immunität überlagert sich also dem «circadianen» Rhythmus; das dürfte auf sehr viele Vorgänge und Funktionen im Organismus zutreffen. Auch hier stellt sich die Aufgabe, beide Rhythmen in ihrer Gleichzeitigkeit zusammenzusehen. Dann wird die Verflechtung der vielen zeitlichen Abläufe in uns erneut deutlich.

Schon seit langem sind die sogenannten Saisonkrankheiten bekannt: Erkrankungen, die typischerweise vermehrt in bestimmten Zeiten des Jahres auftreten.[79] Damit sind allerdings nicht Krankheiten gemeint, die durch die unmittelbaren Witterungseinflüsse ausgelöst werden, wie etwa die Erkältungen im Herbst. Ein Beispiel für eine echte Saisonkrankheit gibt Abbildung 27, eine Zusammenstellung solcher Saisonkrankheiten Abbildung 28. Die Ursachen für die jahreszeitliche Häufung dieser Krankheiten dürften sicherlich sehr unterschiedlich sein und sind zumeist noch wenig bekannt. Die Neigung zu ähnlichen Wiedererkrankungen nach Tumoroperationen hat offenbar auch jahresrhythmische Schwankungen. Obwohl die Krebsforschung mit großem Aufwand durchgeführt wird, sind auch diese Zusammenhänge bis heute noch sehr wenig erforscht und genaue Aussagen noch nicht möglich.

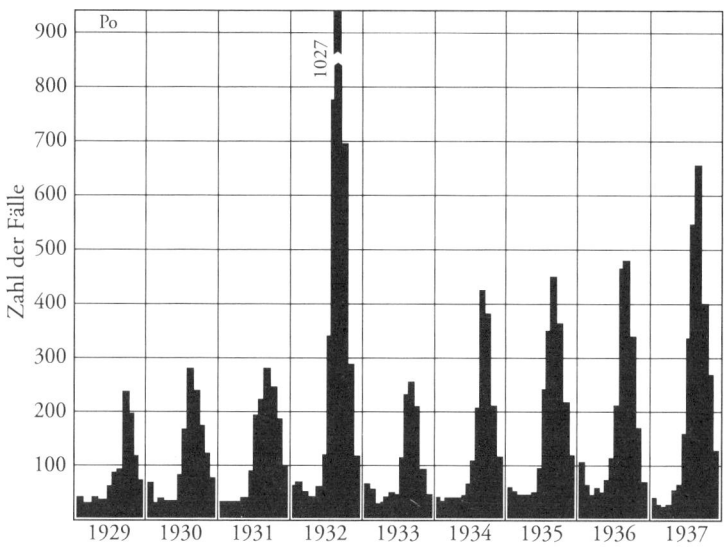

Abb. 27:
Sommergipfel der Poliomyelitis in den Jahren 1929 – 1937 in Deutschland.
(Aus: B. de Rudder,[79] S. 179, Abb. 20)

Wichtig werden im medizinischen Bereich zunehmend die infolge der jahresrhythmischen Umstellungen zu verändernden therapeutischen Einwirkungsmöglichkeiten, die besonders bei Kurbehandlungen schon gut untersucht sind. So gibt es bei bestimmten Therapieformen je nach Jahreszeiten deutliche Unterschiede im Behandlungserfolg und in der Verlaufsform. Mit solchen Schwankungen muß besonders im Zusammenhang mit Herz- und Kreislaufkrankheiten gerechnet werden.[41, 46] Aber auch die Nahrungsverarbeitung in der Verdauung hat ihren Jahresgang. Abmagerungskuren macht man besser im Sommer, Ernährungskuren besser im Winter – wie man schon lange weiß und inzwischen auch wissenschaftlich sichern konnte.[58, 83]

97

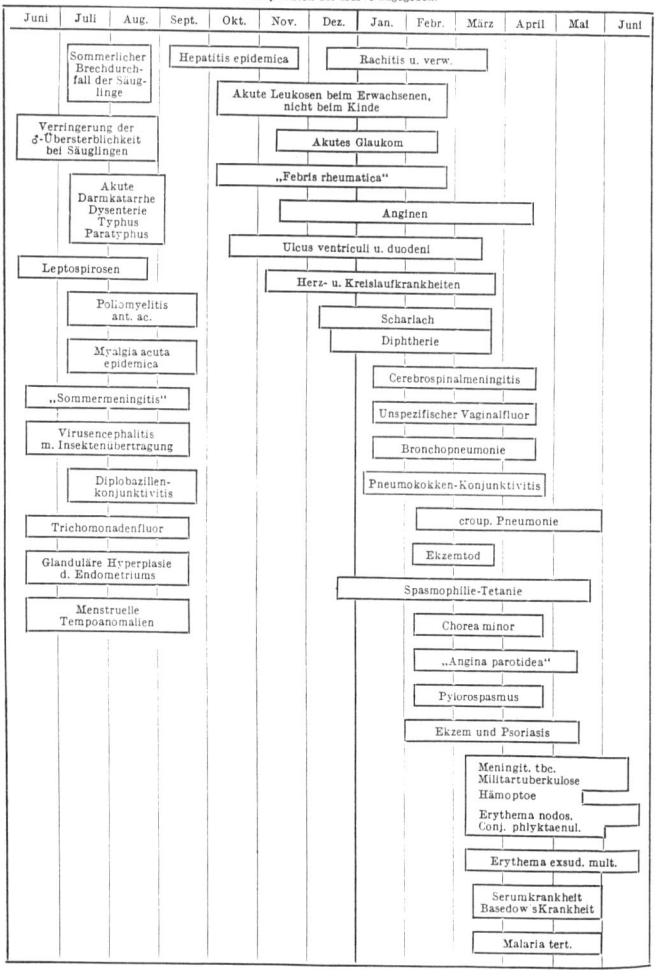

Abb. 28:
Die wichtigsten Saisonkrankheiten der nördlichen gemäßigten Zone nach dem Stand von 1951. Einige der angeführten Erkrankungen sind heute nicht mehr von Bedeutung. Der grundsätzliche Aspekt der saisonalen Verteilung von Krankheiten läßt sich aber gut ablesen. (Aus: B. de Rudder,[79] S. 165, Tab. 18)

98

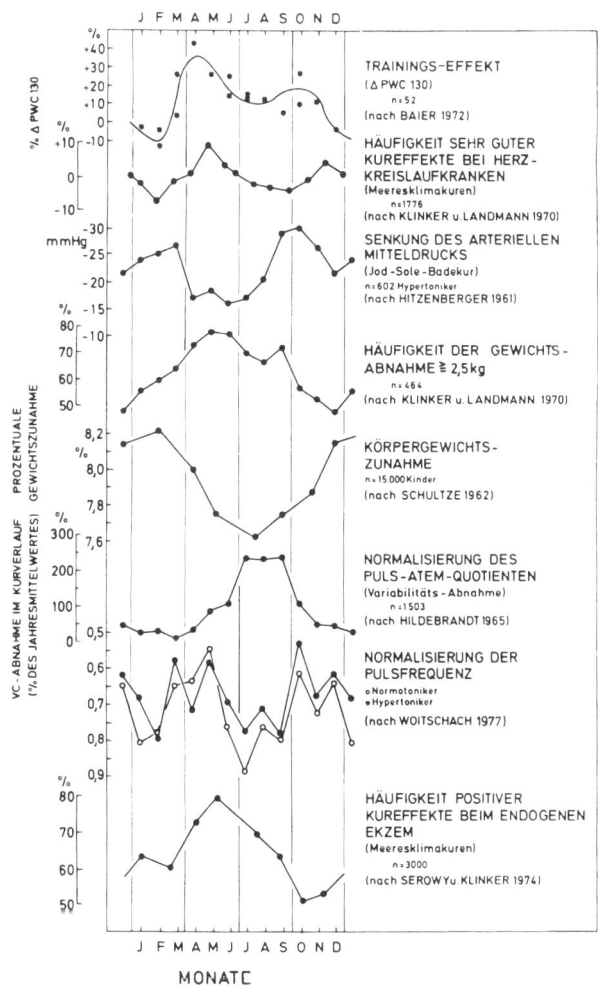

Abb. 29:
Jahresgänge verschiedener Kureffekte.
(Aus: Amelung/Hildebrandt,[1] S. 204, Abb. 95)

99

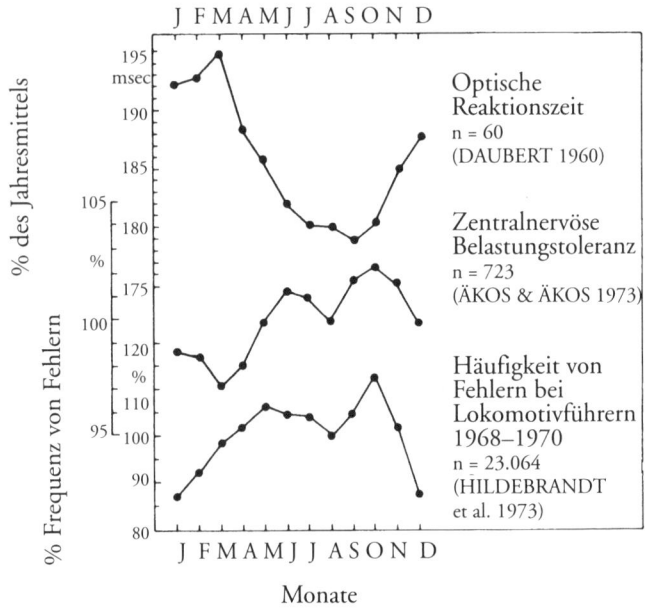

J F M A M J J A S O N D

195
msec
190
185
180
175

105
%
100

95

120
%
110
100
90
80

J F M A M J J A S O N D

% des Jahresmittels

% Frequenz von Fehlern

Optische
Reaktionszeit
n = 60
(DAUBERT 1960)

Zentralnervöse
Belastungstoleranz
n = 723
(ÄKOS & ÄKOS 1973)

Häufigkeit von
Fehlern bei
Lokomotivführern
1968–1970
n = 23.064
(HILDEBRANDT
et al. 1973)

Monate

Abb. 30:
Oben: Jahresgang der optischen Reaktionszeit. Mitte: Jahresgang der psychischen Belastungsfähigkeit. Unten: Jahresgang der Fehlerhäufigkeit bei Lokomotivführern der Deutschen Bundesbahn. (Aus: G. Hildebrandt,[44] S. 8, Abb. 7)

Die chronobiologische Forschung kann auch manche Anhaltspunkte für die Gestaltung des Jahreslaufes geben. So geht aus Untersuchungen hervor, daß die körperliche Leistungsfähigkeit in den Wintermonaten ein deutliches Tief durchmacht und im Frühjahr ein Hoch erreicht, mit einem weiteren, nicht ganz so ausgeprägten Hoch um den Monat Oktober (vergleiche Abb. 29).

Als ein Maß für die psychische Leistungsfähigkeit kann man zum Beispiel die optische Reaktionsfähigkeit nehmen. Diese läßt sich ermitteln, indem man die Zeit mißt, die jemand braucht, um etwa auf

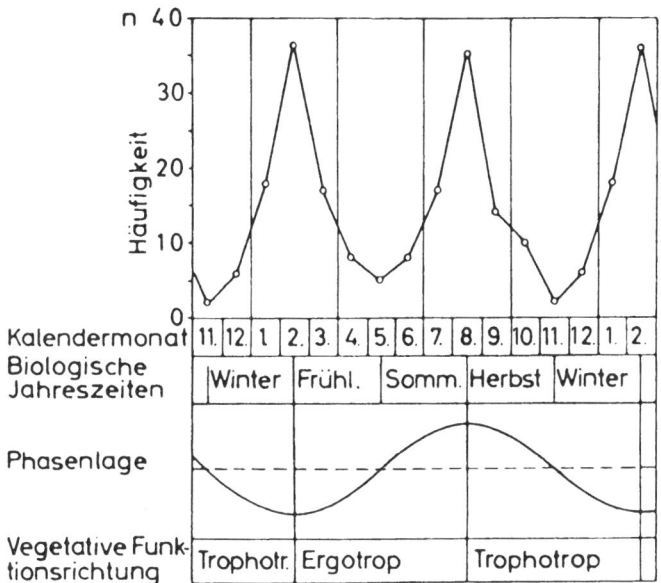

Abb. 31:
Oben: Zusammenfassende Darstellung der Häufigkeit von Maxima und Minima
im Jahresrhythmus. Unten: Jahresrhythmische Änderungen zwischen ver-
mehrter Leistungsbezogenheit (Ergotropie) und Ruhebezogenheit (Trophotropie).
(Aus: Amelung / Hildebrandt,[1] S. 202, Abb. 93)

ein verabredetes Lichtsignal hin mit dem Drücken einer Taste zu
reagieren. Auf diese Weise kann man am Beispiel der in Abbildung 30
dargestellten Untersuchungen einen ähnlichen Verlauf finden: Die
Reaktionszeit ist in den Wintermonaten am längsten.

Schon an diesen wenigen Beispielen zeichnet sich ab, daß offenbar
die Leistungsfähigkeit unseres Organismus zu den Wintermonaten
hin abnimmt. In einer zusammenfassenden Darstellung zeigt Abbildung 31 im oberen Teil die Häufigkeiten jahresrhythmischer Gipfel
und Täler verschiedener Funktionsgrößen. Es lassen sich daraus auch

die Wendezeiten des Jahresrhythmus ablesen: Sie liegen jeweils in den Monaten Februar und August. Der untere Teil der Abbildung verdeutlicht dies anhand der vegetativen Funktionsrichtung.[1]

Es erfolgt also ein Wechsel zu einer mehr leistungsbetonten Einstellung des Organismus im Frühjahr und zur verstärkt ruhebetonten im Herbst. Bei der jeweiligen Umstellung modifizieren wir nicht nur unsere Leistungsfähigkeit und Reaktionsbereitschaft, sondern auch unsere Anpassungsfähigkeit, Krankheitsanfälligkeit und ebenso die Abwehrlage.[47]

In unserer zivilisierten Welt wird der Rhythmus der Jahreszeiten im Erleben der Menschen weitgehend nivelliert. Künstliche Beleuchtung, Heizung und Klimaanlage, Urlaubsreisen zu jeder Jahreszeit – so daß man sich sommerliche Hitze in den Weihnachtstagen verschaffen kann – sind üblich. Chronobiologisch gesehen stellt sich die Frage, welche Auswirkungen es hat, wenn der Mensch sich den Jahreszeiten entzieht. Auf der einen Seite haben wir es hier mit einer Emanzipation von der Umwelt zu tun, die als entscheidendes Prinzip die ganze Evolution durchzieht. Auf der anderen Seite jedoch ist der Jahresrhythmus offensichtlich ein Teil der eigenen Zeitorganisation des menschlichen Organismus selbst. In diesem Sinne stellt sich nun die Aufgabe, zu neuen Ansätzen im Erleben und Mitvollzug des Jahresrhythmus, die beide Seiten verbinden, zu kommen.

5.
Das Gesamtspektrum der Rhythmen
des menschlichen Organismus

Dem Leser wird aufgefallen sein, daß wir in unseren Betrachtungen des Organismus immer unmittelbar dorthin gesehen haben, wo Rhythmen zu finden sind. Wir haben also nicht, von der räumlichen, anatomischen Anordnung ausgehend, etwa ein Organ oder Organsystem nach dem anderen besprochen, sondern sind immer organübergreifend vorgegangen, um auf diesem Weg schließlich Wirkbereiche, Funktionssysteme nach ihren physiologischen Fähigkeiten, das heißt hier nach ihren zeitlichen Charakteristika, zu differenzieren. Das ist durchaus kein selbstverständlicher Ansatz, denn in Schule und Hochschule werden die Betrachtungen meist nach den Organen getrennt vorgenommen. Die Zellbiologie und die Molekularbiologie gehen noch weiter ins Detail, was ja auch wesentliche Einblicke ermöglicht. Nun zeigt sich aber, daß bei der Erforschung der Dynamik von Lebensprozessen immer zuerst eine organübergreifende Betrachtungsweise von der Sache her angebracht ist. Das wird besonders dort evident, wo die rhythmische Ordnung der verschiedenen Funktionen untereinander zu untersuchen ist. Hier deutet sich ein methodisch gut beschreitbarer Weg an, den Organismus als eine funktionelle Einheit zu beschreiben und zu erkennen und so die in Organe und Zellen aufteilende Verfahrensweise zu erweitern.

Auf diesem Weg entwickelte die chronobiologische Forschung in den letzten Jahrzehnten das Gesamtspektrum der rhythmischen Funktionen, wie es in Abbildung 32 dargestellt ist.[14, 20, 24, 75, 87]

Das Spektrum ist entlang einer Skala der Periodendauer aufgetragen, wobei die Einteilung sinnvollerweise in einem logarithmischen

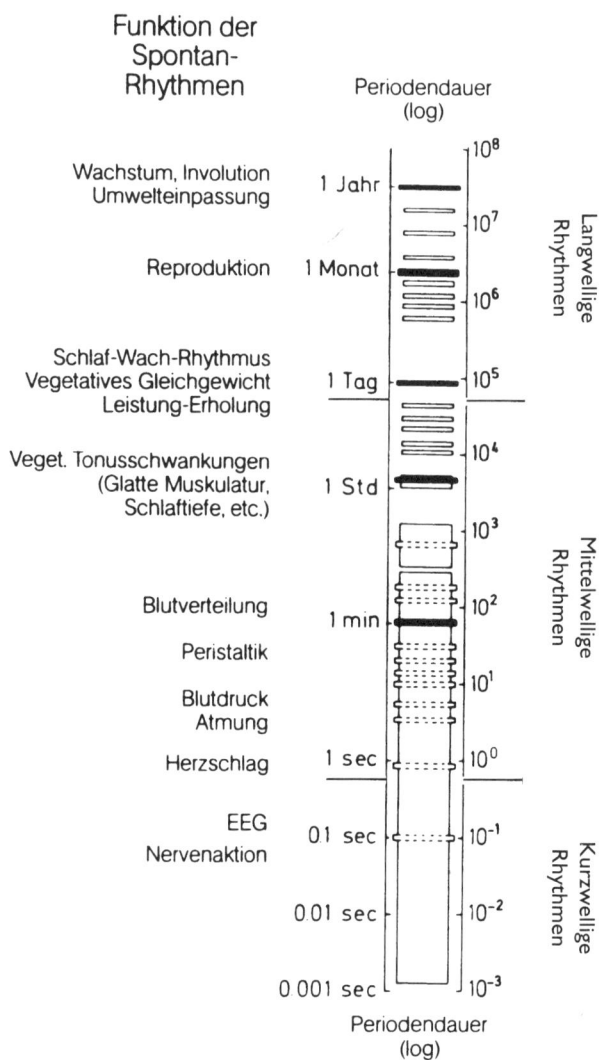

Abb. 32:
Das Gesamtspektrum der Rhythmen des menschlichen Organismus.
(Aus: Amelung / Hildebrandt,[1] S. 31, Abb. 6)

Maßstab vorgenommen worden ist. Die waagerechten Bänder kennzeichnen die bevorzugten Frequenzen, also die Vorzugsnormen der jeweiligen rhythmischen Vorgänge.

Hier sind nun alle in den vorangegangenen Kapiteln besprochenen Rhythmen wieder zu finden. Das Spektrum gliedert sich in drei Teile, was mit den waagerechten Doppelstrichen gekennzeichnet ist und der schon im 1. Kapitel dargestellten Unterteilung der Rhythmen entspricht: Unten stehen die kurzwelligen Rhythmen des Nervensystems, nach oben schließen sich die mittelwelligen Rhythmen von Atmung, Kreislauf und glatter Muskulatur an. Diese beiden Bereiche zusammen enthalten die inneren Rhythmen des Organismus, die von sich aus keine unmittelbare Beziehung zu denen der Umwelt haben. Im oberen Teil des Spektrums hingegen stehen die langwelligen Rhythmen, die unmittelbar und intensiv mit den Umweltrhythmen korrespondieren und doch eine selbständige, innere Grundlage auch im Organismus besitzen: Es sind die Tages-, Wochen-, Monats- und Jahresrhythmen.

Mehrjahresrhythmen können sich daran anschließen und das Spektrum erweitern, aber in diesem Bereich sind die gesicherten Kenntnisse noch gering. Der schon seit dem Altertum beachtete Sieben-Jahres-Rhythmus deutet sich heute noch annähernd in den biologischen Entwicklungsschritten des Zahnwechsels (genauer gesagt der Zahnkronen-Reife des zweiten Gebisses) um sieben Jahre an, der Geschlechtsreife um 14 Jahre (nimmt man hier nicht nur die Menarche, sondern die Zeugungs- und Gebärfähigkeit ins Auge) und der Skelettreife um 21 Jahre (etwas eher bei der Frau, etwas später beim Mann).[80] Dieser Rhythmus hat bekanntlich eine hohe individuelle und geographische Schwankungsbreite. Er ist speziell auch am Durchbruch des Dauergebisses ersichtlich, allerdings nicht an dem der Ersatzzähne, die an die Stelle der Milchzähne treten, sondern an dem der Zusatzzähne: der drei hinteren Backenzähne (Molaren). Im statistischen Mittel bricht der erste Molar heute um sechs Jahre und drei Monate durch das Zahnfleisch und steht etwa mit sieben Jahren in der endgültigen Kauebene. Der zweite Molar bricht um 13 Jahre durch und erreicht mit 14 Jahren die Funktionsstellung. Der dritte Molar, bekannt als Weisheitszahn, hat im Durchbruch eine extrem hohe Schwankungsbreite (zwischen 17 und 40 Jahre, gilt nicht als pathologisch!), doch liegt das statistische Häufigkeitsmaximum bei 21 Jahren.

Letztlich ist die mittlere Lebensdauer des Menschen auch eine rhythmische Größe. Sie liegt heute – dank der zunehmenden Fortschritte der Gerontologie – in Deutschland und der Schweiz bei 77 Jahren. Gehen wir von einem Mittelwert von 71 Jahren aus, so sind das 25 920 Lebenstage. Das ist die gleiche Zahl, wie die Atemzüge in einer Tag-Nacht-Periode betragen, zugleich auch die gleiche Anzahl von Jahren in der Präzessionsbewegung der Erdachse zum Fixsternhimmel.[82]

Der menschliche Organismus lebt also in einem sehr umfassenden System rhythmisch gegliederter Prozesse. Wir beachten nun das Spektrum menschlicher Rhythmen innerhalb der Periodenlängen zwischen $1/1000$ sec und 1 Jahr. Diese Rhythmen ordnen sich nicht nur durch das Maß ihrer Periodendauer, sondern auch durch bestimmte Gesetzmäßigkeiten den drei Funktionsbereichen zu (vergleiche das Kapitel 1.4): Die kurzwelligen Rhythmen des Nervensystems sind in ihrer Frequenz, nicht aber in ihrer Amplitude veränderlich, sie sind also frequenzmoduliert und amplitudenstabil; mittelwellige Rhythmen sind sowohl frequenz- als auch amplitudenmoduliert. So werden zum Beispiel Puls und Atmung bei Belastungen nicht nur frequenter, sondern auch kräftiger bzw. tiefer. Die Frequenzen des Atmungs- und Kreislaufsystems streben aber in Ruhe eine Grundordnung an, die sie besonders im Schlaf erreichen, so daß ihre Variabilität gegenüber derjenigen der Nervenaktionen schon eingeschränkt ist. Diese Einschränkung wird bei der glatten Muskulatur noch deutlicher, die ihre Rhythmik nur innerhalb bestimmter Vorzugsfrequenzen sprunghaft ändert. Diese Vorzugsfrequenzen stehen in einfachen, ganzzahligen Verhältnissen zueinander, sie bleiben daher bei Belastungen zeitlich immer mit ihrem Grundrhythmus koordiniert. Die Amplitude der glattmuskulären Kontraktion, das heißt das Ausmaß ihrer Verkürzung, ist aber in einem weiten Bereich variabel.

Tabelle 5:
Übersicht über die drei Bereiche des Spektrums der Spontanrhythmen

kurzwellige Rhythmen	–	frequenzmoduliert amplitudenstabil
mittelwellige Rhythmen	–	frequenz- und amplitudenmoduliert
langwellige Rhythmen	–	frequenzstabil amplitudenmoduliert

Die langwelligen Rhythmen dagegen sind in ihrer Frequenz nicht oder nur künstlich (z.B. experimentell innerhalb des Ziehbereichs) zu verändern und fügen sich in die strenge Zeitordnung der kosmischen Rhythmen ein. Ihre Amplitude ist aber modulierbar. So kann die Amplitude einer circadian gegliederten Funktion groß oder auch weitgehend eingeebnet sein, was u. a. in den jeweiligen Umstellungsphasen bei Schichtarbeitern gefunden wurde. Auch der Wochenrhythmus zeigt sich mit sehr unterschiedlichen Amplituden. Die langwelligen Rhythmen sind also frequenzstabil und amplitudenmoduliert.

So zeigt die Reihe der Funktionen im Spektrum von unten nach oben einen mit der Periodendauer zunehmend strengeren Ordnungsgrad, insbesondere bezüglich der Frequenzen und deren Verhältnisse untereinander. In der gleichen Richtung nimmt die Komplexität der rhythmischen Funktionen zu: Rhythmen einzelner Zellen (z.B Nervenzellen), Gewebe (EEG, Flimmerepithel) und Organe (Herz); Rhythmen größerer Systeme (Atmung, Verdauung, Stoffwechsel) und schließlich rhythmische Umstellungen des ganzen Organismus (Wachen und Schlafen). Die Rhythmen, die in noch längeren Wellen verlaufen, weisen über den einzelnen Organismus hinaus, etwa die der Reproduktion. Möglicherweise folgen noch Rhythmen von evolutionärer Bedeutung.[52]

Mit zunehmender Periodendauer werden immer mehr Teilfunktionen in einem jeweils umfassenderen Rhythmus zu gemeinsamen rhythmischen Vorgängen integriert. Dadurch findet man mit den steigenden Integrationsstufen einen zunehmenden Zeitbedarf der jeweiligen Rhythmik. Diese Anordnung der Rhythmen im Spektrum zeigt also ein systematisches Fortschreiten von der Funktion einzelner Strukturen über einzelne Organe zu ganzen Organsystemen und schließlich zur Lebensordnung des Gesamtorganismus. Die Frequenz der biologischen Rhythmen steht demnach in der einen Richtung in Beziehung zum Grad ihrer Spezialisierung, ihrer Bindung an die spezifische Struktur, und zum anderen immer zugleich auch zum Grad ihrer Integration in langwellige Rhythmen.[34]

Innerhalb dieser Reihe zunehmender Integration besteht eine hierarchische Ordnung: Jeder Rhythmus von größerer Wellenlänge ist allen schnelleren funktionell übergeordnet und beeinflußt deshalb auch diese. So kann sich ja leicht zum Beispiel der Tagesrhythmus auf die Ordnung der Kreislaufrhythmen auswirken: Unregelmäßiger Tagesablauf kann auf Dauer bekanntlich zur Kreislauflabilität führen.

Biologische Rhythmen sind, wie bereits dargestellt, in der Zeit ablaufende, dynamische Vorgänge. Sie betreffen also jenen Bereich, der die Stoffe über das rein Physisch-Anorganische hinaus in den Lebensbereich hineinhebt. Der Ablauf dieser Vorgänge erfolgt in einer hoch geordneten Zeitgestalt, durch sie geführt befindet sich fortwährend alles im Durchfluß, in der Veränderung. R. Steiner nennt daher diesen Bereich des Menschen den Lebensleib oder Zeitleib (bzw. Ätherleib). Der physische Leib und der Lebensleib, also die Lebensorganisation, sind Forschungsgegenstände der Biologie. Darüber hinaus ist dem Menschen ein Bereich zu eigen, der sich nicht biologisch beschreiben läßt, sondern nur innerseelisch evident ist. Diese Schicht unserer Sympathie- und Antipathiefähigkeit, von Lust und Unlust, Genuß und Ekel, Affekt und Emotion ist aber trotzdem auch von naturhafter Anbindung; sie ist nichträumliche und auch nichtzeitliche Subjekthaftigkeit, aber doch leibgebunden. R. Steiner nennt sie Empfindungsleib (bzw. Astralleib).

Ein vierter Bereich des Menschen charakterisiert sich durch die Fähigkeit zu freier Eigenverantwortung, Selbstwahrnehmung und Selbstkontrolle und bildet den eigentlichen Kern der menschlichen Individualität, das Ich des Menschen.[80]

R. Steiner[90] charakterisiert, wie diese vier Bereiche des Menschen rhythmische Veränderungen in der Zeit durchlaufen. Er stellt dar, daß der Tagesrhythmus der Rhythmus der Ich-Organisation ist: Der menschliche Wesenskern, das Ich, verändert im Laufe des Tages fortwährend die Intensität seiner Verbindung zum physischen Leib und seiner Lebensorganisation, ist also unterschiedlich stark «präsent». Insbesondere im Schlaf wird diese Präsenz stark aufgehoben, in Zeiten besonderer Anforderungen während des Tages ist sie dagegen viel stärker. So kommt es zu einem andauernden rhythmischen Wechsel in den Verhältnissen der Ich-Organisation und damit von Bewußtheit und Unbewußtheit des Menschen. – Den Wochenrhythmus schildert R. Steiner als den Rhythmus des Empfindungsleibs, der heute aber im seelischen Erleben kaum noch hervortrete. In früheren Zeiten habe der Mensch sehr viel stärker in wöchentlichen Veränderungen seines Seelenlebens gelebt. So habe er in gewissen Zeiten stärker in der ihn umgebenden Außenwelt gelebt, zu einer anderen Zeit dagegen mehr in seinem eigenen Inneren. – Den Lebensleib setzt Steiner in Zusammenhang mit dem Monatsrhythmus, was sich heute insbesondere durch den Rhythmus der biologischen Fruchtbarkeit der Frau ausdrückt, und den Jahresrhythmus schließlich setzt er in Beziehung zum physischen Leib.

Die Chronobiologie beschreibt heute Rhythmen dieses Spektrums auf der biologischen Ebene. Offensichtlich drücken sich die rhythmischen Vorgänge letztlich alle in biologischen Vorgängen, also in der Lebensorganisation, ab und können hier wiedergefunden werden. Diese Verhältnisse lassen sich so darstellen, wie es in Abbildung 33 wiedergegeben ist. Im Zentrum erscheint wieder das dreigliedrige System der endogenen Rhythmen, wie wir es in Kapitel 1.4

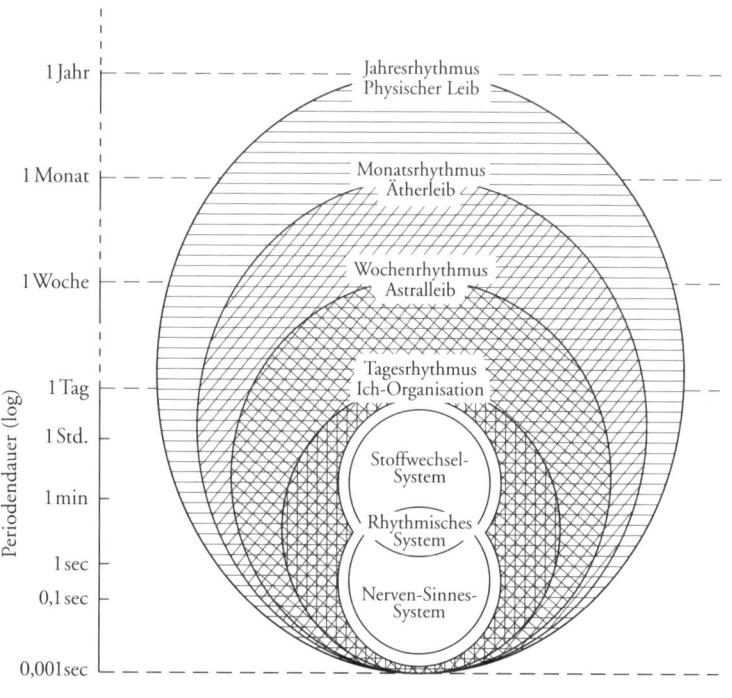

Abb. 33:
Hierarchische Ordnung und Ineinanderwirken der Rhythmen des Menschen.
(Aus: G. Hildebrandt,[52] S. 22, Abb. 14)

kennengelernt haben. Diese kurz- und mittelwelligen Rhythmen werden von allen vier langwelligen Rhythmen zugleich beeinflußt, außerdem sind vielfältige Wechselbeziehungen der langwelligen Rhythmen vorhanden, was durch die übereinanderliegenden Ellipsen symbolisiert wird. Die verschiedenen rhythmischen Vorgänge im Organismus stehen also in einem inneren Zusammenhang, sie sind Glieder der organismischen Zeitgestalt.[52]

6.
Rhythmen bei Kindern

6.1.
Die Entwicklung der Rhythmen im Laufe der Kindheit

Wir haben gesehen, daß der menschliche Organismus in einer zeitlichen Struktur lebt, oder andersherum gesagt, wie sein Leben Zeitstruktur selbst ist. Betrachtet man nun die Entwicklung des Kindes, so hat man es mit einer weiteren Dimension der Zeitstruktur zu tun, nämlich mit der Entwicklung und Stabilisierung dieser Rhythmen. Die Chronophysiologie des wachsenden Organismus ist gekennzeichnet durch zwei einander überlagernde zeitliche Prozesse: zum einen durch die beständig ablaufenden rhythmischen Vorgänge des lebendigen Organismus, zum anderen durch die fortwährende Wandlung derselben im Laufe der Entwicklung. Das bedeutet, daß das Spektrum der rhythmischen Funktionen hier selbst einem Wandel, einem dynamischen Prozeß steter Änderungen unterliegt. Demzufolge lebt das Kind in den einzelnen Entwicklungsstufen auch in sehr unterschiedlichen rhythmischen Verhältnissen. Innerhalb relativ kurzer Zeiten kann es hier zu jeweils tiefgreifenden Änderungen kommen.

Die kindliche Entwicklung vollzieht sich in einer zeitlichen Ordnung, der das morphologische und funktionelle Geschehen so sehr unterworfen ist, daß die Bestimmung des Alters und seiner Kriterien im Mittelpunkt der kinderärztlichen Diagnostik steht. Deshalb liegt auch ihr Spezifikum darin, daß Krankheitssymptome mit der Entwicklung des Kindes in Beziehung gebracht werden müssen. Die

111

Entwicklungsdiagnose wiederum ist in erster Linie eine Zeitanalyse. Man hat es beim wachsenden Organismus also mit einer zeitlichen Ordnung im doppelten Sinne zu tun.[2]

Alle Eltern kennen es aus eigener Erfahrung: In den ersten Wochen nach der Geburt hat ein Säugling einen eigenen Tagesrhythmus, der so gar nicht mit dem normalen Tag-Nacht-Rhythmus der Erwachsenen übereinstimmt. Erst allmählich beginnt das Kind, sich in den Tag einzufügen. Wann das gelingt, ist individuell verschieden. Den Chronobiologen interessiert hierbei, in welchem eigenen Rhythmus der Säugling lebt und wie und wann sich der circadiane Rhythmus verändert.

Erste Untersuchungen der vom Kind selbstgewählten Wach- und Schlafzeiten oder seines Nahrungsverlangens führte A. Gesell schon 1943 durch. Die Säuglinge wurden weitgehend in ihrem je selbstgewählten Schlaf-Wach-Rhythmus belassen und dann gefüttert, wenn sie nach Nahrung verlangten.[30] Später wurden nach diesen Grundsätzen weitere Säuglinge über viele Wochen hin beobachtet. Die Ergebnisse konnten dann in Graphiken zusammengestellt werden, wie sie Abbildung 34 zeigt.[29] Hier sind als Beispiele die Beobachtungen von drei Kindern in ihren ersten Lebenswochen eingetragen. Die Schlafphasen sind als schwarze Striche eingezeichnet, die Wachzeiten sind hell.

Zunächst fällt auf, daß die Verteilung der dunklen und hellen Bezirke im oberen Teil der Abbildung noch sehr unregelmäßig erscheint. Die Säuglinge leben nämlich in einem Unterrhythmus des Tagesrhythmus (Ultradianrhythmus) mit Periodenlängen von wenigen Stunden. Sie liegen meist bei ca. vier Stunden mit manchen individuellen Variationen. Erst weiter unten im Bild, das heißt mit zunehmendem Alter der Säuglinge, tauchen breitere helle Bänder auf, die darauf hinweisen, daß die Schlaf-Wach-Rhythmen jetzt zunehmend regelmäßiger werden. Damit beginnt die Einordnung in den 24-Stunden-Tag. Es wird daran deutlich, wie sich die Ultradianperiodik nach und nach verändert und allmählich einzelne Wachphasen in der Nacht wegfallen und am Tage zusammenschmelzen, bis schließlich das Schlafen weitgehend auf die Nachtstunden und das Wachen auf die

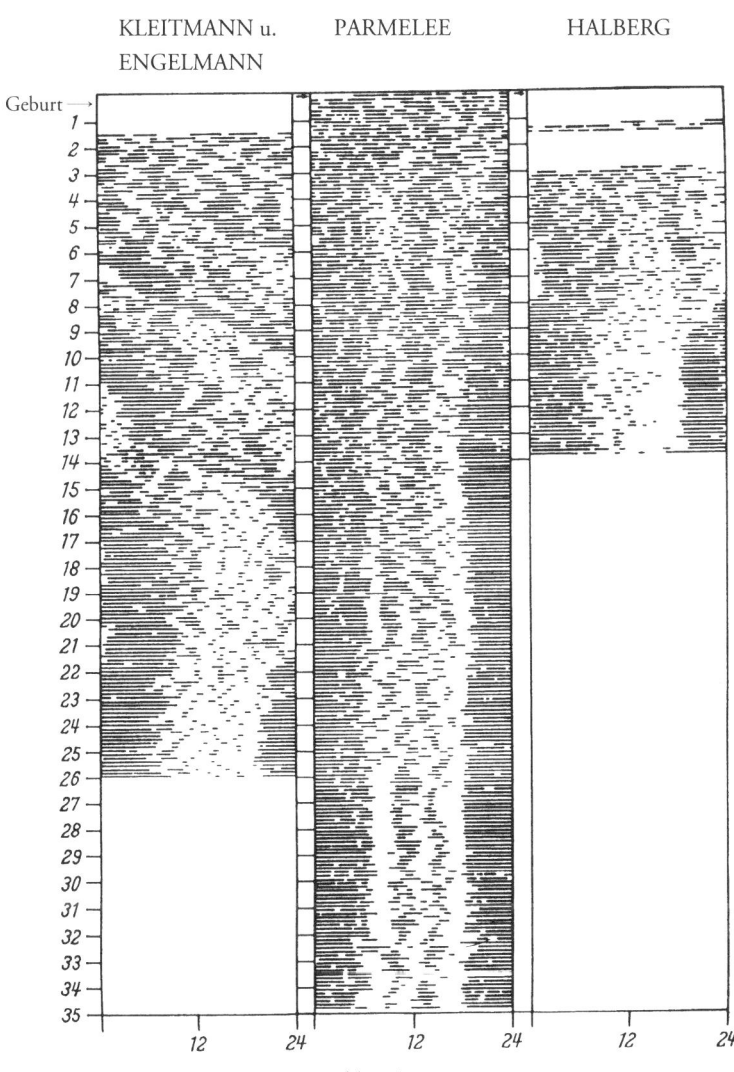

KLEITMANN u.   PARMELEE   HALBERG
ENGELMANN

Abb. 34:
Schlaf-Wach-Verteilung bei Säuglingen, die ihre Tageseinteilung selbst bestimmen
durften. Weiße Unterbrechungen = Wachen, schwarze Linien = Schlafen.
(Aus: T. Hellbrügge,[28] S. 255, Abb. 6)

Tagstunden verlegt wird. Durch die Verschmelzung von Vier-Stunden-Rhythmen entstehen zuerst neben diesen allmählich ca. acht- und zwölfstündige Intervalle. Die Circadianperiodik baut sich also überwiegend auf der Ultradianperiodik auf.[30, 66]

Im Vergleich der drei Untersuchungen läßt sich beispielhaft aufzeigen, wie jedes Kind seine ganz eigene Dauer des Einschwingens in den circadianen Rhythmus hat. Das Kind im linken Teil der Abbildung findet etwa in der 16. Woche den Tagesrhythmus seiner Umgebung, das im mittleren Teil bereits in der fünften Woche und das im rechten in der neunten Woche.

Beim allmählichen Verschmelzen der ultradianen Perioden kommt es zu einem interessanten Phänomen: Die tägliche Summe der Intervalle ist häufig etwas größer als 24 Stunden und liegt oft im 25-Stunden-Bereich, was etwa einem frei laufenden circadianen Rhythmus entspricht, wie er beim Erwachsenen im Bunkerversuch gefunden wurde (siehe Kap. 2.3.).

Das Kind, dessen Schlaf-Wach-Rhythmus in Abbildung 34 links dargestellt ist, zeigt dies recht deutlich: Die erste Ordnung entstand etwa in der neunten Woche. Die Eltern mögen sich gefreut haben, daß jetzt ein einigermaßen normaler Tagesablauf möglich wurde. An dem schräg nach rechts laufenden hellen Feld ist aber zu sehen, daß die Periodik noch länger als 24 Stunden war. Durch diese verlängerte circadiane Periodik driftete der Rhythmus des Kindes in den nächsten Wochen wieder ab, und es war zwischen der 11. und der 14. Woche regelmäßig nachts eine längere Zeit wach. Ab der 15. Woche verlief der Rhythmus des Säuglings erneut gemeinsam mit dem Tagesrhythmus und schien in der 18. bis 21. Woche wieder davondriften zu wollen. Aber nun kam es doch zu einer endgültigen Synchronisation, was im Diagramm wie ein Linksruck aussieht. Von jetzt an blieb der Tagesrhythmus stabil.

Bei einigen dieser Untersuchungen wurden auch leicht zu ermittelnde physiologische Werte wie die Körpertemperatur (siehe Abb. 35), die Pulsfrequenz (siehe Abb. 36), die Urinmenge und die Urinbestandteile einbezogen. Bei der Körpertemperatur und auch bei

114

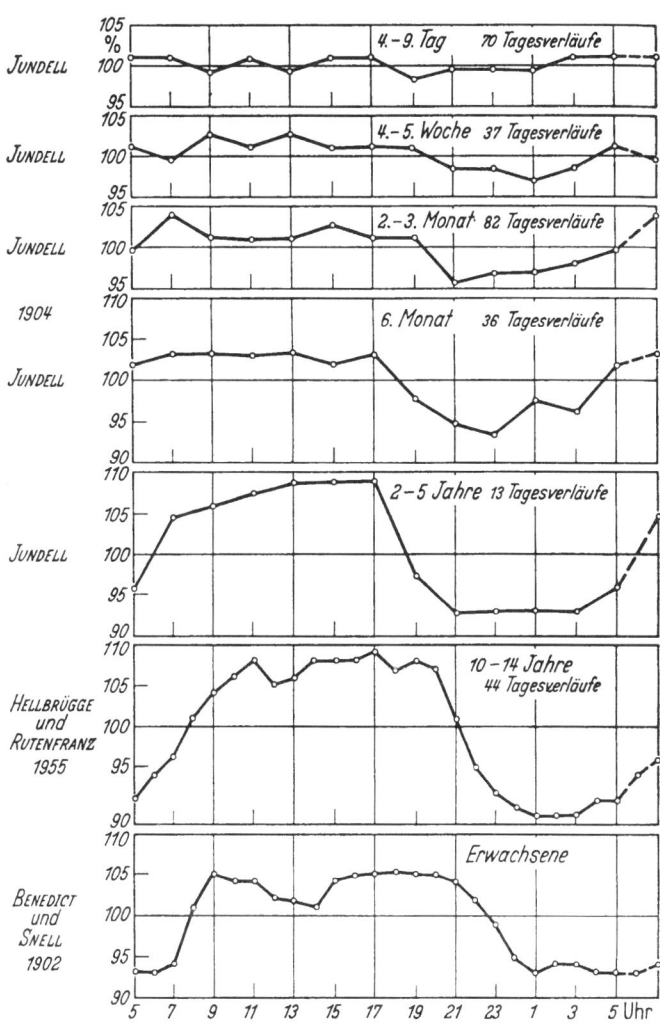

Abb. 35:
Entwicklung eines Tagesrhythmus der Körpertemperatur bei Kindern. Man beachte besonders die Phasenverlagerung und die allmähliche Vergrößerung der Schwingung mit zunehmendem Alter. (Aus: T. Hellbrügge,[28] S. 258, Abb. 11)

115

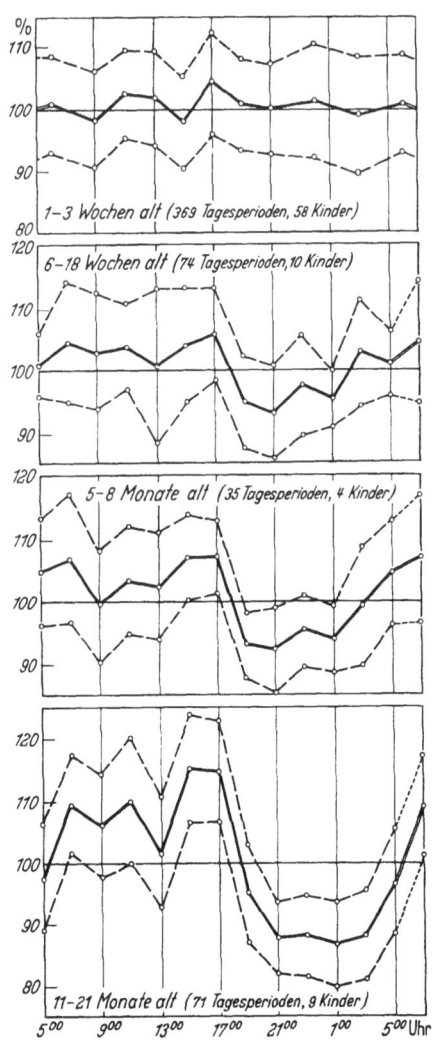

Abb. 36:
Entwicklung eines Tagesrhythmus der Pulsfrequenz in den ersten Lebensmonaten.
(Aus: T. Hellbrügge,[28] S. 258, Abb. 10)

116

der Pulsfrequenz sah man in den ersten drei Lebenswochen der Säuglinge keine Schwankungen im Sinne einer eindeutigen 24stündigen Periodik. Ab der vierten Lebenswoche waren bei der Körpertemperatur und ab der sechsten Lebenswoche bei der Pulsfrequenz Unterschiede zwischen Tag- und Nachtwerten da. Im Laufe der folgenden Wochen wurden diese Rhythmen immer ausgeprägter, das heißt, ihre Ausschläge nahmen zu, aber erst im Schulalter prägte sich die Tag-Nacht-Amplitude des Pulsrhythmus voll aus.

Da sich diese Ergebnisse bei vielen verschiedenen Untersuchungen fanden, dachte man zunächst, daß sich der kindliche Organismus etwa um die sechste Lebenswoche in die Umweltrhythmik einfüge. Man ging davon aus, daß wohl alle physiologischen Funktionen in diesem Alter ihre Tagesrhythmik entwickeln. Diese Annahme erwies sich aber als irrig: Feinere Messungen zeigten, daß bestimmte Hautfunktionen, wie zum Beispiel der elektrische Hautwiderstand, der sich aus dem Feuchtigkeitsgehalt der Hautoberfläche ergibt, schon in der ersten Lebenswoche eine klare 24-Stunden-Periodik haben und sich bis zur zweiten und dritten Woche deutlich ausprägen! Studien über die Zellteilungsrate in der Haut bei Neugeborenen wiesen auf eine 24-Stunden-Periodik bereits in der zweiten Lebenswoche hin.

Verschiedene Nierenfunktionen begannen zu ganz unterschiedlichen Zeiten in Tagesrhythmen zu schwingen: Seit der zweiten und dritten Lebenswoche zeigten sich Unterschiede in der Urinmenge zwischen Tag und Nacht. Größere Unterschiede, wie sie beim Erwachsenen zu finden sind, entwickelten sich dann aber erst später.[29] Bei einer Gruppe von löslichen Substanzen (Kalzium-, Kalium-, Natrium-Ionen), die mit dem Urin ausgeschieden werden, war erst einmal bis zum zweiten Lebensmonat kein Tag-Nacht-Unterschied zu erkennen. Diese Periodik wurde erst bei dreieinhalb bis fünf Monate alten Säuglingen gefunden. Für die Ausscheidung einer anderen Gruppe von Stoffen (Kreatinin, Kreatin, Chlorid und Phospat) war sogar erst gegen Ende des zweiten Lebensjahres ein Tag-Nacht-Rhythmus feststellbar.

Die circadianen Rhythmen der verschiedenartigen Körperfunk-

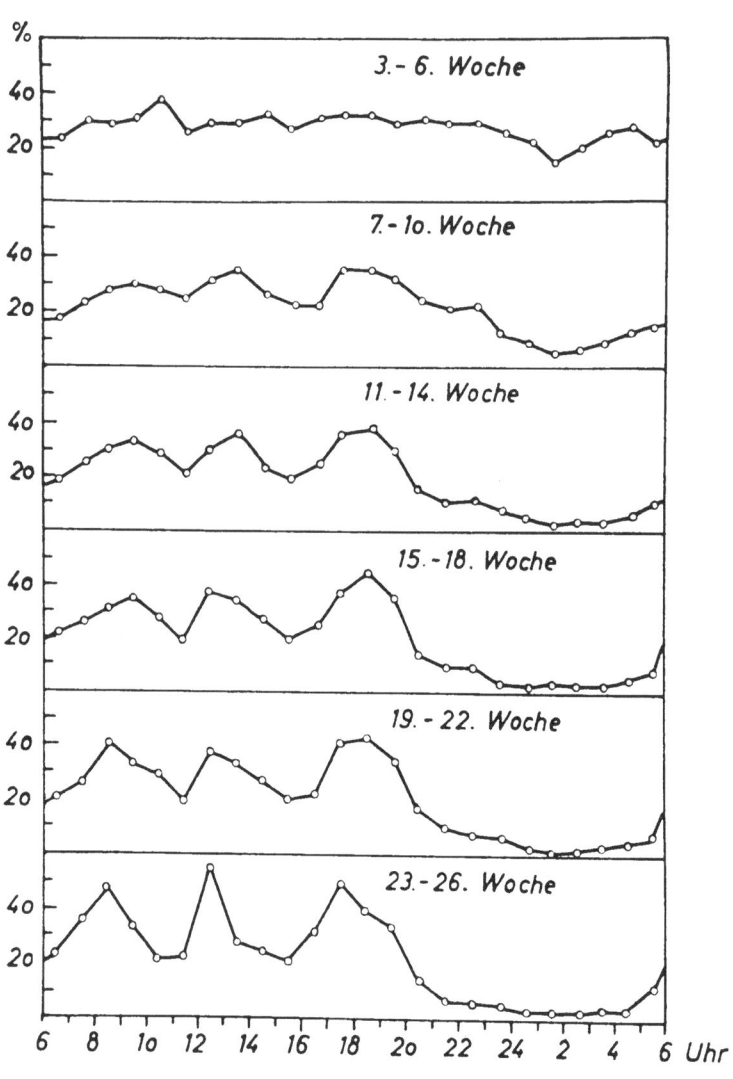

Abb. 37:
Entwicklung eines Tagesrhythmus des Nahrungsbedürfnisses beim Säugling.
(Aus: T. Hellbrügge,[28] S. 258, Abb. 12)

tionen prägen sich also zu recht unterschiedlichen Zeiten aus. Selbst innerhalb eines Organs können sie sich zeitlich unabhängig voneinander einstellen, wie am Beispiel der Niere zu sehen war. Offenbar ist eine bestimmte Reife in der Entwicklung der Organe notwendig, um sich in einen circadianen Rhythmus ganz einschwingen zu können.[29] Hieran wird aber doch deutlich, daß die 24-Stunden-Periodik dem Kind nicht einfach von der Umwelt aufgeprägt wird, sondern einen angeborenen endogenen Charakter hat.

Die zunächst entstehenden Rhythmen beim Säugling sind also noch nicht synchron mit dem Rhythmus des 24-Stunden-Tages, so daß sich das Kind in einem Zustand der physiologischen «Dyssynchronisation» befindet, wie T. Hellbrügge es nennt.[29] Er will damit sagen, daß die für den Erwachsenen verwendete Bezeichnung der «Desynchronisation» für das Kind nicht zutrifft, da seine Funktionen noch nie synchronisiert waren. Zugleich besteht jene physiologische «Dissoziation» der Organrhythmen, denn einige Funktionen haben schon eine 24-Stunden-Periodik, andere noch nicht. Es herrscht scheinbar ein Chaos verschiedener Rhythmen, oder diese fehlen teilweise ganz. Im Laufe der Entwicklung wird dann der Organismus allmählich auf die 24-Stunden-Rhythmik der Umwelt synchronisiert, was nun gleichzeitig die innere Synchronisation fördert. Beginnen die Rhythmen einmal, sich einzuschwingen, so wird ihre Spannweite, also die Amplitude größer, die Rhythmik wird stabil. Der kindliche Organismus lebt also nach der Geburt zuerst in einem Zustand der rhythmischen Labilität.[25, 29]

Wenn sich die circadiane Periodik im Laufe der Entwicklung erst ausprägen und mit dem 24-Stunden-Rhythmus der Umwelt synchronisieren muß, so spielen dafür die «Zeitgeber» eine wichtige Rolle. Da in den ersten Lebenswochen der Bereich der Tastempfindungen schon die größte Reife hat, sind besonders alle solche Eindrücke sehr wichtig. Hierzu gehören sämtliche Berührungen bei der Pflege wie Wickeln und Baden, dann das Umhertragen und rhythmische Wiegen im Arm und in der Wiege, in ganz besonderem Maße aber auch das Stillen.

Etwa ab der achten Woche, wenn der optische und der akustische Wahrnehmungsbereich ähnlich herangereift sind und der Säugling immer mehr über diese Sinne Beziehungen zu seiner Umwelt aufnehmen kann, gewinnen als Zeitgeber zunehmend der Hell-Dunkel-Wechsel des Tageslaufs, die Hintergrundklänge und nicht zuletzt auch die menschliche Sprache eine immer größere Bedeutung.[29] Die Synchronisation kommt aber nicht nur durch die äußerlich einwirkenden wiederholten Reize zustande. Vielmehr spielen die individuellen Antwortmöglichkeiten des kindlichen Organismus eine gleichwertige Rolle, z. B. die jeweilige Eigenfrequenz des ultradianen Rhythmus und die eigene Sensibilitätslage gegenüber den Zeitgeberreizen. Was bedeuten diese Einsichten nun für die praktische Pflege und die Erziehung von Kindern?

In der Pflege des Säuglings sollte man auf die spontane Eigenrhythmik von Schlafen und Wachen und des Nahrungsbedürfnisses eingehen, der Erwachsene kann aber die Bildung eines geregelten, lebendigen Rhythmus fördern. Weder das völlig freie Füttern nach dem Verlangen des Säuglings («self demand feeding») noch das Einzwängen in einen festen Rhythmus sind dabei angebracht, sondern vielmehr eine behutsame Unterstützung der rhythmischen Abfolge von Mahlzeiten. Oft neigt ein Säugling zu Abständen der Stillmahlzeiten von etwa vier Stunden. Das kann man vorsichtig fördern, indem Kind und Eltern aufeinander eingehen.[16] Die Eltern können so den vom Kind angebotenen Eigenrhythmus unterstützen. Dabei ist aber auch zu berücksichtigen, daß sich die Rhythmik auf der Suche nach dem Tagesrhythmus in den ersten Lebenswochen immer wieder verändern kann.

Dasjenige Kind, das sich allmählich in den Erdentag eingelebt hat, braucht dann die äußere Stütze des regelmäßigen Tagesrhythmus. In diesem Rhythmus bleibt seine einmal erreichte Synchronisation erhalten. Sie garantiert die interne Synchronisation des gesamten rhythmischen Gefüges. Da diese Ordnung, wie wir gesehen haben, aber noch sehr labil ist, bedarf sie der Unterstützung vor allem durch das soziale Umfeld, also insbesondere durch die Familie. Trotzdem bleibt das Kind lange noch in einem rhythmisch labilen Zustand, was sicherlich auch zu seiner Anfälligkeit gegenüber Orts- und Zeitverschiebungen führt, allerdings auch zur Möglichkeit einer rascheren

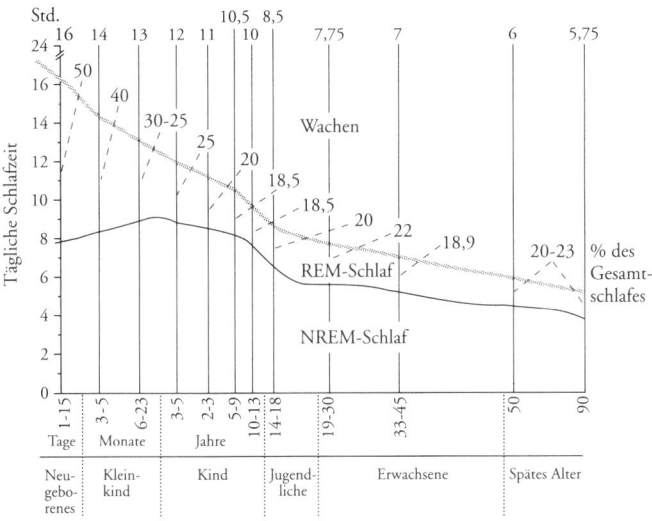

Abb. 38:
Wach- und Schlafzeiten und der Anteil von REM-Schlaf und Non-REM-Schlaf
im Verlauf des menschlichen Lebens. Neben dem Rückgang der Gesamtschlafzeit ist
die Abnahme der REM-Schlafdauer nach den frühen Lebensjahren auffällig.
(Aus: Schmidt / Thews,[81] S. 170, Abb. 7 – 15)

Umstellung als beim Erwachsenen. Alle rhythmusgebenden Einflüsse, wie etwa geregelte Tagesabläufe, wirken ordnend und stabilisierend auf den Zeitorganismus des Kleinkindes bis hinein ins Schulalter. Im Kapitel über die circadianen Rhythmen wurde schon angemerkt, daß auch für den Menschen gerade das Licht, besonders also der Tag-Nacht-Wechsel, einen wichtigen Zeitgeber darstellt. Sicherlich ist für die kindliche Entwicklung in dieser Hinsicht ein intensives Miterleben der Umweltrhythmen von großer Bedeutung. Nicht nur der Tageslauf mit seinen verschiedenen Ereignissen, sondern auch der Wochen- und Monatsablauf und nicht zuletzt der Jahresablauf mit seinen Jahreszeiten und Jahresfesten spielen hier eine große Rolle. Wie sich das Schlafbedürfnis insgesamt und der Anteil des REM- Schlafes im Laufe des Lebens beim Menschen ändert, zeigt Abbildung 38.

6.2.
Der Tagesrhythmus

Die Rhythmusforschung an Schulkindern konzentrierte sich bisher auf den Tagesrhythmus. Für die verschiedensten leiblichen und seelischen Vorgänge wurden deutliche Wechselzustände im Tagesgang festgestellt. Einige sind in Abbildung 39 dargestellt. Blutzuckerwerte und Leistungsfähigkeit steigen zum Beispiel im Laufe der Vormittagsstunden an, während es in der Mittagszeit zu einer Senke mit dem Tiefpunkt zwischen 13 und 14 Uhr kommt. In den späten Nachmittagsstunden findet sich ein zweiter Gipfel, um dann in den Abendstunden bis zum Tiefstpunkt hin zwischen 1 und 3 Uhr abzufallen. Schon während der weiteren Nachtstunden steigen die Werte einzelner Funktionen zum Morgen hin wieder an.[29]

Diese Ergebnisse zeigen, wie die physiologischen Voraussetzungen für die Beanspruchungen im Schulunterricht bei den Kindern regelmäßige Veränderungen im Tagesgang erfahren. So steigt etwa die Rechengeschwindigkeit der Schüler, die sich im Experiment leicht bestimmen läßt, während der Vormittagsstunden an und hat zwischen 10 und 12 Uhr ihren Höchstwert. Zwischen 12 und 15 Uhr sind die Kinder leicht etwas schläfrig, wodurch sich erwartungsgemäß auch die Rechengeschwindigkeit vermindert. Am späten Nachmittag ist ein zweiter Gipfel zu finden, der aber unterhalb des vormittäglichen bleibt.

Die untere Grafik der Abbildung 39 stellt die Schlafgewohnheiten von Kindern dar. Sie haben unmittelbar mit den physiologischen Tagesschwankungen zu tun. Auch die Gedächtnisfähigkeit weist bei Schulkindern Unterschiede im Tagesgang auf. Man kann zum Beispiel testen, wie gut ein zu verschiedenen Tageszeiten vorgelesener Text später erinnert werden kann. Offenbar ist die Merkfähigkeit im Kurzzeitgedächtnis besser, wenn der Stoff morgens um 9 Uhr aufgenommen wird als am Nachmittag. Der um 15 Uhr angebotene Stoff konnte allerdings besser über eine längere Zeit behalten werden. Das

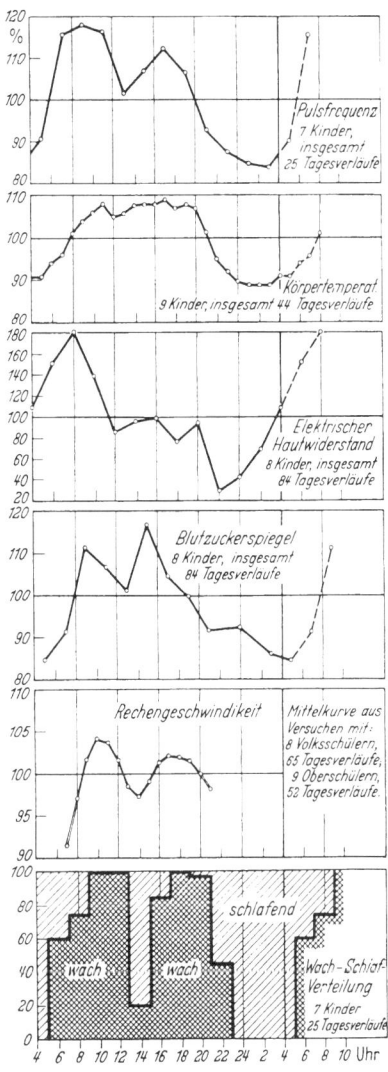

Abb. 39:
Tagesrhythmen von Kindern im Schulalter.
(Aus: T. Hellbrügge,[28] S. 260, Abb. 16)

123

spricht für die nachmittägliche Nachbereitung durch adäquate Hausaufgaben, um das Langzeitgedächtnis zu fördern. Unterschiede zwischen Erwachsenen und Kindern gibt es dabei offenbar nicht.[13, 14] Wir lernten kennen, daß sich bei Erwachsenen «Morgen-» und «Abendtypen» unterscheiden lassen. Auch bei Kindern sind diese Unterschiede bereits ausgeprägt. Die Zeitunterschiede können volle drei Stunden und mehr betragen! Die Kinder durchleben ihren Tag also in unterschiedlichen Phasenlagen. Morgentypen liegen mit allem etwas früher, Abendtypen entsprechend später. Daneben gibt es natürlich, wie bei Erwachsenen, Kinder, die sich nicht eindeutig zuordnen lassen, weil sie diesbezüglich die Mitte halten. Extreme Phasenabweichungen können auch Übergänge zum Pathologischen darstellen.

Sehr interessant ist es nun, daß es im Laufe der Entwicklung zu gesetzmäßigen Verschiebungen dieser Phasenlagen kommt. Kleinkinder neigen zum «Morgentyp» und wachen bekanntlich früh auf. Mit zunehmendem Alter der Schüler kommt es immer mehr zur Verschiebung in Richtung «Abendtyp». Das Maximum der betont abendtypischen Phasenlage wird heute wohl in den zwanziger Jahren erreicht. So neigen Studenten zu nächtlichem Arbeiten und nächtlichen Aktivitäten. Im vollen Erwachsenenalter treten beide Typen gleicherweise hervor. Im Alter verschiebt sich allmählich die circadiane Phasenlage erneut in Richtung Morgentyp.[53] Kinder entwickeln sich also vom Abendschläfer zum Morgenschläfer, alte Menschen umgekehrt.

6.3.
Der Wochenrhythmus

Die circaseptane Zeitgestalt tritt auch beim Kind im Zusammenhang mit allen Anpassungs- und Heilungsprozessen auf, die im Kapitel 4.1. bereits allgemein beschrieben wurden. Hier sind besonders die Kinderkrankheiten zu nennen, die überwiegend durch solche Zeitstrukturen geprägt sind. Ein Beispiel zeigt Abbildung 21 (siehe S. 87) für den Scharlach. Aus chronobiologischer Sicht ist auf die Problematik von verkürzenden Eingriffen in den Verlauf der Kinderkrankheiten oftmals hingewiesen worden.[53] Es stellt sich ja die Frage, welche späteren Konsequenzen es hat, wenn der periodisch gegliederte Ablauf einer akuten Infektionskrankheit blind behindert oder gänzlich verhindert wird. Bei genauer Kenntnis der zeitlichen Abläufe von Krankheiten können sich die therapeutischen Maßnahmen so in den gegliederten Ablauf einfügen, daß die periodische Gliederung der Selbstheilung nicht gestört, sondern unterstützt wird. Die Möglichkeit, in circaseptan gegliederten Heilungsverläufen zu reagieren, ist besonders im jugendlichen Alter ausgeprägt, während es mit zunehmendem Alter vermehrt zu Zeitstrukturen mit längeren Periodendauern und damit zur Chronifizierung von Krankheiten kommt. Akute Erkrankungen neigen dann eher dazu, chronisch zu werden.

Besonders wichtig ist die Schule für den Wochenrhythmus des Schulkindes. Man muß davon ausgehen, daß sie durch ihre Anforderungen immer wieder aufs neue biologische Anpassungsvorgänge auslöst, auf die das Kind dann in wochenrhythmischen Gliederungen reagiert. Damit wird der Wochenrhythmus zu einer Grundsäule seiner Zeitabläufe. Der Stundenplan kann ein hochwertiges psychosomatisches Therapeutikum sein, wenn man ihn daraufhin gestaltet.

Menschenkundlich betrachtet lebt ja der Empfindungsleib im Wochenrhythmus (siehe Kap. 5), und damit wirkt der sich wochenrhythmisch wiederholende Stundenplan besonders auf die Empfindungsorganisation des Kindes ein. «Anfang, Mitte, Ausklang der Woche und die Wochenendgestaltung werden vom Kinde so stark stimmungsmäßig erlebt, daß eine rechte Wochenkultur das Schulleben der Kinder harmonisiert», so das Urteil von W. Schad.[80]

Wir hatten auch gesehen, daß viele der angestoßenen Wochenrhythmen nach etwa vier Wochen ausklingen. Diese Zeitspanne erweist sich damit als günstig für den Zeitrhythmus des Epochenunterrichtes, wie er in der Waldorfschule durchgeführt wird. Der Beginn eines neuen Themenbereiches ist für die Schüler ein Anstoß, auf den sie physiologisch in einer siebentägigen Zeitgliederung reagieren.

Diese Rhythmik klingt nach vier Wochen gedämpft aus. Wir haben mit diesem Monatsrhythmus Dauerwirkungen, die nicht nur in den Empfindungsleib, sondern bis in den Lebensleib reichen. So ist der epochale Unterricht ein entscheidender pädagogischer Griff, um die übliche schulische Insuffizienz zu vermeiden, kurzzeitig sein Wissen hersagen zu können, nach der Schulzeit aber den weitaus größten Teil für den Rest des Lebens zu vergessen. Erst durch den Hauptunterricht betreibt die Waldorfschule Langzeitpädagogik, so daß die Schüler nicht nur für die Schule, sondern tatsächlich für das Leben lernen.[80]

W. Schad schreibt: «Mit dem Beginn einer neuen Epoche taucht der Schüler in ein über längere Zeit ‹schlafendes›, aber dadurch vermehrt anstehendes Fach wieder ein. Mehrere Monate oder gar ein Jahr war es her, daß er z. B. Chemie betrieben hat. Die zeitweise unbewußt gewordene Kontinuität tritt nun stufenweise wieder ins Bewußtsein. Es braucht mehrere Tage, bis er sich in das Weltgebiet erneut eingelebt hat. Er ist inzwischen älter geworden, und neue Horizonte, neue Fragen brechen auf. So ist es zuerst einmal die Aufgabe des Lehrers, in einer sorgfältigen Einführung der gesamten Begabungsstreuung der Klasse gerecht zu werden und damit sichere Unterlagen für den anstehenden Durchgang aufzubauen. In der zweiten Woche kann man feststellen, daß die Klasse intensiver zur Durcharbeitung der Themen disponiert ist. In der dritten Woche läßt sich gemeinsam sehr viel erarbeiten, und das Arbeitstempo kann beschleunigt werden, so daß die Schüler positiv bemerken, welche Fülle an neuen Inhalten ihnen jetzt zugänglich wird. Die vierte Woche regt dann zur Überschau an; die Epoche rundet sich, das Tempo darf sich etwas verlangsamen, und man wird versuchen, einen Schlußakkord zum Ausklang zu finden. Man kann nach der Exposition, dem Crescendo und Accelerando dieses Ritardando menschenkundlich auch so beschreiben, daß dann eine Epoche ihr rechtes Ende gefunden hat, wenn die Inhalte diejenige innere Form für die Schüler gewonnen haben, daß sie in das Unbewußte der Lebensorganisation wiederum für längere Zeit absinken können, ohne zu unverdaubaren Wackersteinen im Seelenmagen zu werden.» (S. 84)[80]

6.4.
Der Jahresrhythmus

Für die Heranwachsenden ist auch der Jahresrhythmus von großer Bedeutung, ja, man kann sogar den Eindruck gewinnen, daß die jahresrhythmische Prägung bei den Kindern eher stärker ist als beim Erwachsenen. Sie ist ihrerseits endogen verankert, was eine ganze Reihe von Untersuchungen bezüglich des circaannualen Rhythmus zeigt.

Im Kapitel über die Jahresrhythmen haben wir schon hingewiesen auf die echten Saisonkrankheiten, die im Zusammenhang mit den Schwankungen der Immunitätslage im Jahreslauf stehen. Viele Erkrankungen von Kindern, auch die eigentlichen Kinderkrankheiten, zeigen dieses Phänomen. So konnten ebenso circaannuale Schwankungen der Erkrankungshäufigkeiten in Schulen beobachtet werden. Abbildung 40 zeigt dies am Beispiel von Masern, Röteln, Mumps und Windpocken, die deutlich in der ersten Jahreshälfte häufiger vorkommen. Oft werden Umwelteinflüsse für solche Häufungen von Krankheiten verantwortlich gemacht. So sollen etwa die Witterungsbedingungen jeweils günstige oder ungünstige Voraussetzungen für die Vermehrung und Übertragung von Infektionskeimen schaffen. Eine gewisse Wirkung werden Umwelteinflüsse sicherlich haben, aber keine Infektion kann zur Erkrankung führen, wenn nicht die Reaktionslage, insbesondere die veränderte Immunabwehr des Organismus, dies ermöglicht. Der endogene Jahresrhythmus des Organismus spielt eine wesentliche Rolle bei diesem Geschehen.

Ebenfalls im Jahresrhythmus ändern sich Gewichts- und Längenwachstum der Kinder: Das Gewichtswachstum nimmt zum Winter hin zu, während zum Sommer hin das Längenwachstum dominiert.[25]

Auf jahresrhythmische Umstellungen der Stoffwechselaktivität bei Kindern deuten Untersuchungen, bei denen die Kinder ihre Kost und damit die Nahrungszusammensetzung über das ganze Jahr hin frei auswählen durften. So wurden zum Beispiel Kohlenhydrate im Winter weniger aufgenommen als im Sommer. Fette wurden ebenfalls im

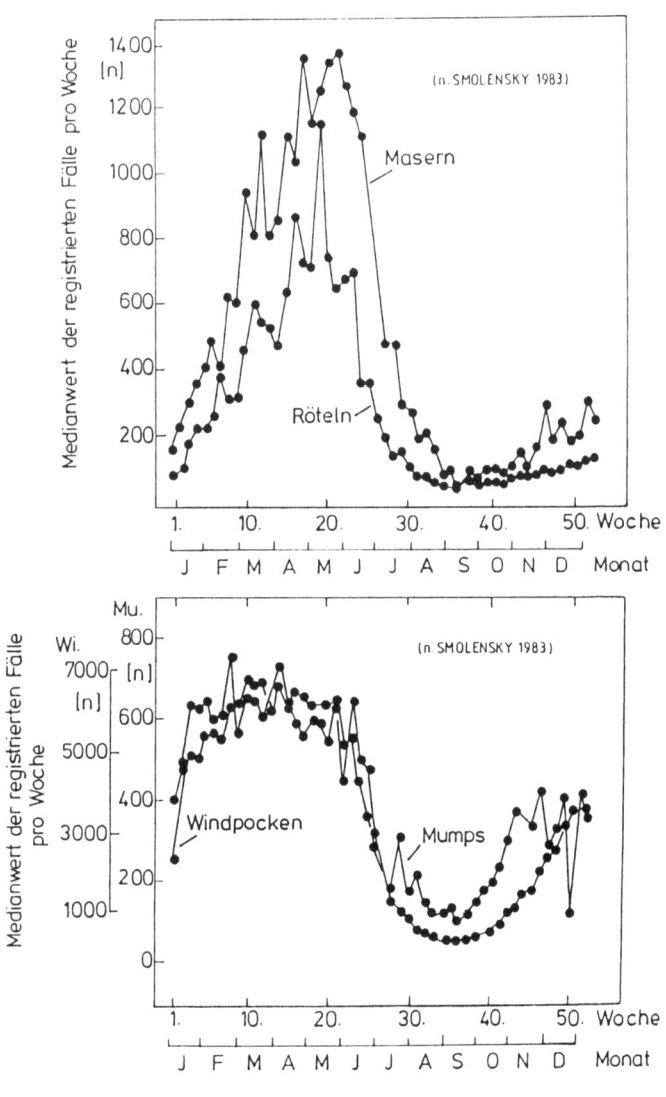

Abb. 40:
Jahresrhythmische Verteilung der Erkrankungen an Masern und Röteln (oben)
sowie Mumps und Windpocken (unten). (Aus: M.H. Smolensky,[88] S. 131)

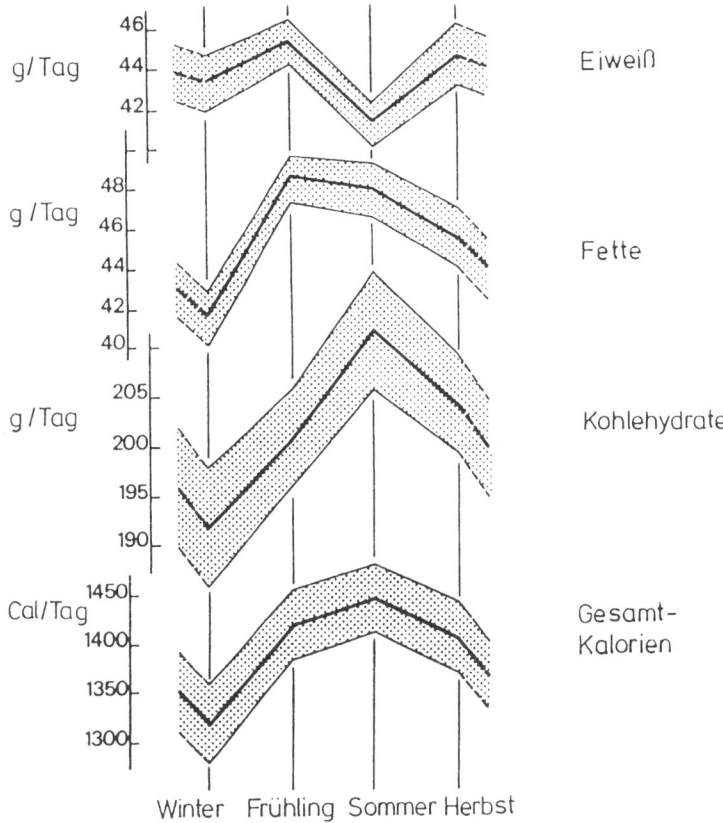

Abb. 41:
Jahresrhythmische Schwankungen wöchentlicher Mittelwerte der spontanen tägli-
chen Aufnahme an Eiweiß, Fetten und Kohlenhydraten sowie der Gesamtkalo-
rienzufuhr bei vier Jahre alten Kindern, die ihre Nahrung frei wählen konnten.
(Aus: A. Reinberg, [72] *S. 470, Abb. 11)*

129

Winter gemieden, der Zuspruch war hier im Frühjahr am größten. Eiweiße dagegen wurden am wenigsten im Sommer verzehrt. Die gesamte aufgenommene Kalorienmenge war im Winter geringer als im Frühling und im Sommer.

6.5.

Zum rhythmischen System des Kindes

Die Rhythmen von Kreislauf und Atmung, die ja das Zentrum des rhythmischen Systems sind, zeigen beim Säugling wie beim Kleinkind schon eine ausgeprägte Frequenz- und Phasenordnung. Bereits im Mutterleib strebt der Embryo, wie wir heute wissen, ganz bestimmte Ordnungen der Kreislaufverhältnisse an. Der Herzschlag des ungeborenen Kindes weist im allgemeinen die doppelte Frequenz des mütterlichen Herzschlages auf, wobei er während der Nacht bevorzugte Phasenbeziehungen zum Herzrhythmus der Mutter einnimmt; das heißt, daß der einzelne Herzschlag des Kindes jeweils in einer ganz bestimmten Phase des mütterlichen Herzschlages erfolgt. Beim Säugling gibt es außerdem strenge Koordinationen von Atmung, Saug- und Schluckrhythmus.[68]

Das Verhältnis von Puls und Atmung erfährt im Laufe des Lebens charakteristische Veränderungen. Beim Neugeborenen gibt es zunächst eine recht strenge Bindung im Verhältnis von 3:1, 2:1 oder sogar 1:1. Im Laufe der Entwicklung steigen die Quotientenwerte dann an und liegen bis zur Pubertät recht hoch. Im Alter von zehn bis zwölf Jahren kommen oft Quotienten von 5 : 1 und mehr vor. Bereits bei Sechsjährigen gibt es aber auch am Tage Werte um 4 : 1, in der Nacht liegen sie jedoch darüber. Hier erscheint also zunächst ein ganz anderes Bild als beim Erwachsenen, bei dem es ja in nächtlichen Normalisierungen zum Verhältnis von 4 : 1 kommt, das dann am Tage meist verlassen wird. Erst nach der Pubertät stellt sich allmählich diese nächtliche Normalisierung bei 4 : 1 ein.[53]

Die strenge Ordnung der Rhythmen wird im Verlauf des zweiten Lebensjahrsiebtes allmählich aufgehoben, die Rhythmen werden unabhängiger voneinander. Im Laufe der Individualentwicklung geht also die anfangs strenge rhythmische Ordnung verloren, und freie Frequenzmodulationen werden möglich. Dies ist ein Teil einer zunehmenden Leistungsfähigkeit, denn, wie bereits dargestellt, bedeutet ja das Verlassen der Frequenzordnung bei den Kreislaufrhythmen Leistungsbezug. Die Wiederherstellung der strengen Ordnung erfolgt bei Ruhe und Erholung.

Aus all diesen Erkenntnissen ergeben sich unmittelbar praktische Konsequenzen, besonders für die Pädagogik.[27, 80] Aufmerksamkeit, Aufnahmebereitschaft, Gedächtnisfähigkeit und physiologische Leistungsvoraussetzungen ändern sich zum Beispiel beim Schulkind ständig. Wichtige Gesichtspunkte lassen sich für die Unterrichtshygiene, die Stundenplangestaltung und die kurzfristigen und langfristigen Zeitabläufe entwickeln. Es gehört zur Stärke der Waldorfpädagogik, die physiologische Seite des Kindes im Unterricht selbst zu berücksichtigen.[60b, 79a] Dazu gehört das rechte Atmen- und Schlafenkönnen, die feinere Ausbildung der Sprachorgane durch den Fremdsprachenunterricht schon in den ersten Klassen, die beseelte Bewegung der Eurythmie als konstitutionswirksame Hygiene und der bewußte Wechsel zwischen Humor und Ernst in jeder Unterrichtsstunde. Herkömmliche Erziehungsformen kümmern sich um die Leiblichkeit des Kindes pädagogisch wenig.[80]

Das Kind baut sich durch die gesamte Kindheit hindurch seine endogen veranlagte Organrhythmik an seiner ihm rhythmisch entgegenkommenden Umgebung auf. Und sie ist mehr denn je besonders stabil auszubilden, weil das Berufsleben im Erwachsenenalter inmitten unserer technologischen Zivilisation unvermeidlich zur Unrhythmik zwingt. Um unsere Kinder auf die weiterhin zunehmende technische Welt vorzubereiten, ist zur Sicherung der leiblich-seelischen Gesundheit die rhythmische Gestaltung des kindlichen Lebens von bestimmender Auswirkung.[80]

7.
Die Rhythmik in der Bewegung

Die Rhythmen, namentlich diejenigen von Kreislauf und Atmung, können in unmittelbaren Beziehungen stehen zu den Bewegungsrhythmen. Was wir beim Gehen, Laufen, Tanzen, bei vielen Arbeitsbewegungen und beim Sport ausführen, hat ähnliche Zeitgestalten. In Untersuchungen dazu konnte gezeigt werden, daß sich zum Beispiel zwischen Puls und Schritt beim Gehen bzw. beim Laufen oft ein Verhältnis von 1 : 1 einstellt, das heißt, es gibt Strecken, wo sich Schritte und Pulsschläge genau entsprechen. Besonders bei Kindern treten sehr genaue Abstimmungen auf. Kann man die Ergebnisse dieser Untersuchungen verallgemeinern, so dürfen wir sagen: Wir gehen in unserem Pulsrhythmus! Das dürfte gerade auch für das längere, ermüdungsarme Wandern gelten.

Bei solchen Untersuchungen wurden individuell-typische Frequenzen des Pulses und damit auch des Gehrhythmus gefunden. Voraussetzung war hier natürlich, daß das Gehtempo frei gewählt werden konnte. Auch bei frei gewählten Armbewegungen konnten solche individuellen Verhältnisse gefunden werden.[93] Beim Laufen traten auch ganzzahlige Verhältnisse von 2 : 3 oder von 3 : 4 zum Puls auf, wobei bestimmte Versuchspersonen jeweils eine der Frequenzbeziehungen bevorzugten.

Ähnlich konnte man beim Gehen ganzzahlige Frequenzverhältnisse zwischen Schritt und Atmung nachweisen, wie zum Beispiel 8 : 1, 6 : 1 oder 4 : 1, wobei wiederum bestimmte Personen ein ganz bestimmtes Verhältnis anstrebten, auch an ganz verschiedenen Tagen.[2] Die Experimentatoren kamen zu dem Schluß, daß jeder Mensch einen persönlichen, für ihn typischen Rhythmus von Puls, Atmung und Bewegung hat und die Abstimmungen dieser Rhythmen unbewußt anstrebt.

Bei trainierten Sportlern kommt es während des Laufens im selbstgewählten Tempo darüber hinaus zu Phasenkoordinationen zwischen Laufbewegung und Herzrhythmus, indem sie bevorzugt den Schritt jeweils während der Herzsystole ausführen.[12]

Besonders im Sport stellen sich bei rhythmisch gegliederten Bewegungen harmonische zeitliche Beziehungen zwischen dem Atemrhythmus und den Körperbewegungen ein. Solche Koordinationen kommen insbesondere dort zustande, wo der Sportler sich in eine gut zu bewältigende Bewegungsabfolge einschwingen kann. Findet er dabei «seinen» Rhythmus, können die Bewegungen zumeist lange und ausdauernd ausgeführt werden. Bei ungewohnten oder zu intensiven Aktivitäten entstehen die rhythmischen Beziehungen nicht, und es kommt schnell zur Ermüdung. Je vollkommener die Bewegungskoordinationen ablaufen, desto bessere Übereinstimmungen ergeben sich zwischen dem Rhythmus der Atmung und dem Rhythmus der ausgeführten körperlichen Aktivität.

Abbildung 42 gibt eine Übersicht über Rhythmen, die in Beziehungen zu denjenigen von Puls und Atmung stehen. Oftmals kommt es bei diesen Rhythmen zu ganzzahligen Frequenzverhältnissen und Kopplungen. Diese Prinzipien, die uns quer durch das gesamte rhythmische Spektrum begegnet sind, finden sich also auch hier. Darüber hinaus sind in der Abbildung musikalische Tempi aufgeführt, die ebenfalls in Beziehung zu Puls und Atmung sowie zu den Bewegungsrhythmen stehen und damit ihre unmittelbare Verwandtschaft mit den Rhythmen des menschlichen Organismus zeigen.

Die Körperbewegungen im ihnen entsprechenden Rhythmus, also das Einschwingen in eine weitgehend frei gewählte Bewegungsordnung, haben immer etwas Wohltuendes. Schon der Säugling liebt solche Rhythmen beim Wiegen und beim Umhertragen. Alle gleichmäßigen Bewegungen tragen zur Reifung seiner rhythmischen Organisation bei. Das Kleinkind sitzt begeistert auf dem Schaukelpferd, ältere

Kinder mögen die Reigen- und Tanzspiele und die Gartenschaukel. Auch Erwachsene schaukeln ja gerne noch einmal. Es gibt Berichte von Volkskulturen, nach denen man sich sonntags und an Feiertagen an einer Dorfschaukel traf, um gemeinsam zu schaukeln und zu singen. Dieses rhythmische Erleben, wie auch das in der Musik, spielt sich, wie wir gesehen haben, in den Frequenzbereichen von Atmung und Puls ab.

Ein kleiner Exkurs kann uns deutlich machen, wieviel mehr sich der Mensch in früheren Zeiten in rhythmischen Abfolgen bewegte und ganz besonders auch die tägliche Arbeit vielfältig in solchen Rhythmen bewältigte. K. Bücher konnte noch im letzten Jahrhundert Beschreibungen solcher Rhythmen zusammentragen.[9] In seinem Buch *Arbeit und Rhythmus* schilderte er Tätigkeiten, bei denen sich der Arbeitende in einen Rhythmus einschwang, der seinem Körper und der Arbeit gleichermaßen angemessen war und den er dann lange beibehalten konnte. Bücher fand solche Arbeiten ebenso bei technisch einfachen als auch bei weit entwickelten Kulturen. In Mitteleuropa gab es sie besonders vor der Industrialisierung in den traditionellen Handwerkerberufen und in Land- und Hauswirtschaft.

Jede dieser Arbeitsbewegungen, so beschrieb er, setzte sich aus mindestens zwei Elementen zusammen, einem stärkeren und einem schwächeren, wie etwa Hebung und Senkung, Stoß und Zug, Streckung und Einziehung usw. Die Arbeit gliederte sich dadurch, und die regelmäßige Wiederkehr gleich starker und in den gleichen Zeitgrenzen verlaufender Bewegungen erfolgte rhythmisch.

Solche Arbeiten wurden oft von regelmäßigen Klängen begleitet. «[Der] Schmied, der Schlosser, der Klempner, der Keßler lassen den Hammer in gleichem Takte auf das Metall niederfallen; der Tischler läßt die Stöße des Hobels, der Säge, der Raspel, der Ziehklinge in gleichen Zeitabschnitten aufeinander folgen, und wer kennt nicht den eigenartigen Laut des Schusterhammers, der Flachsbreche, des Weberschiffchens, der Zimmermannsaxt, der Pflasterramme, des Steinmetz-Meißels!» (S. 434)[9]

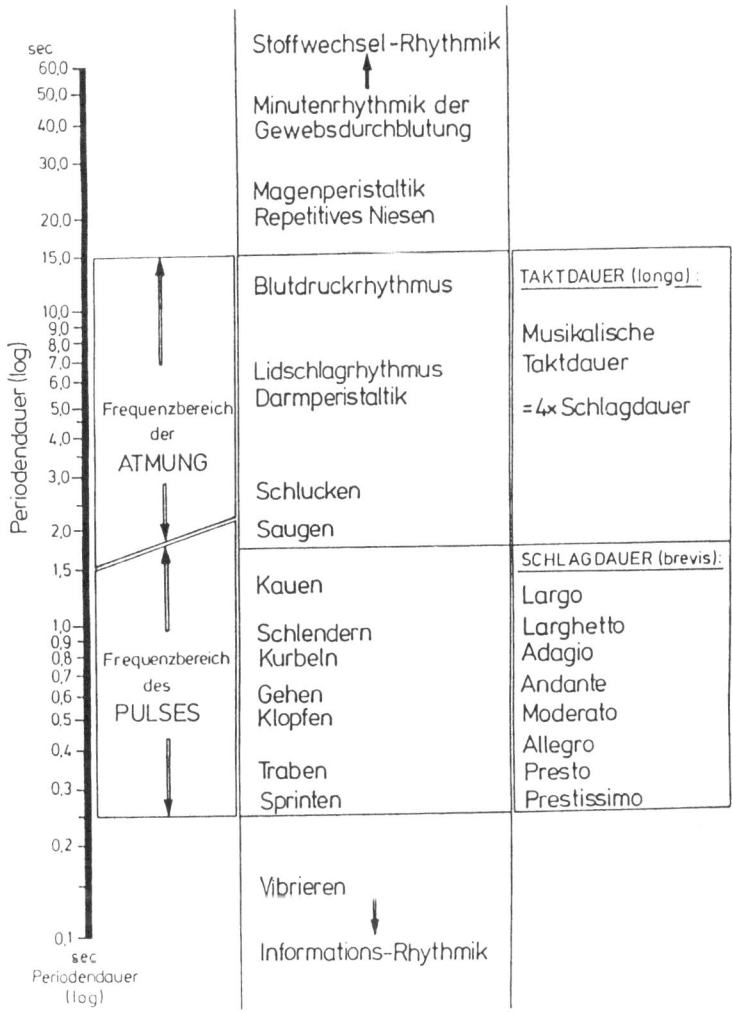

Abb. 42:
Die Rhythmen von Puls und Atmung und ihre Beziehung zu anderen Rhythmen,
insbesondere zu denjenigen der Körperbewegungen sowie zu den musikalischen
Tempi. (Aus: G. Hildebrandt, [53] *Abb. 15)*

135

Insbesondere kam es auch bei Tätigkeiten, die von mehreren Arbeitern ausgeführt wurden, zum gemeinsamen Einschwingen in Arbeitsrhythmen. Das bekannteste Beispiel ist das Dreschen mit dem Flegel, bei welchem der richtige Rhythmus erst durch das Zusammenwirken von drei, vier oder gar sechs Arbeitern erzielt wurde. Indem man immer mehr Arbeiter heranzog, wurde der Rhythmus immer mehr verkürzt. Dem niederdeutschen Bauern schien es «noch nicht so richtig», wenn weniger als sechs Drescher schlugen, und beim steirischen Großbauern wurden es gar acht.

Der Arbeitende konnte in einen solchen Rhythmus regelrecht eintauchen, keine Unregelmäßigkeiten behinderten die Arbeit, alle Muskeltätigkeit erfolgte in gleichmäßig sich wiederholenden Bewegungen, die dem Vermögen des Organismus angemessen waren. Die Mühsal vieler dieser Arbeiten darf nicht übersehen werden, aber gerade so ließen sich auch die besonders schweren Arbeiten bewältigen.

Bücher beschrieb ausführlich, wie sich in diese Arbeitsrhythmen auch Verse und Lieder einfügen ließen und wie vielfach bei solcher Arbeit gesungen wurde. Der Gesang konnte dann auch die Einhaltung des Rhythmus erleichtern. Eine Fülle solcher Lieder, Verse und Ausrufe hat Bücher gesammelt und einen wahren Schatz zusammengetragen.

Überhaupt wurde wohl früher bei der Arbeit sehr viel gesungen. Das betonte das rhythmische Element besonders. Bücher zitiert hierzu eine Beschreibung häuslichen und bäuerlichen Lebens von Annette von Droste-Hülshoff: «Obwohl sich keiner ausgezeichneten Singorgane erfreuend, sind die Paderborner doch überaus gesangliebend; überall, in Spinnstuben, auf dem Felde hört man sie quinkelieren und pfeifen; sie haben ihre eigenen Spinn-, ihre Acker-, Flachsbrech- und Rauflieder; das letzte ist ein schlimmes Spottlied, das sie nach dem Takte des (Flachs-)Raufens jedem Vorübergehenden aus dem Stegreif zusingen.» In einer anderen Schilderung heißt es: «Dem Furlaner ist Lied und Gesang Lebensbedürfnis: von früh morgens bis spät abends, bei der Arbeit auf dem Felde und in der Werkstatt, auf der Wanderschaft und daheim in Haus und Garten hört man ihn singen. Mehr noch die Furlanerinnen. Einzeln und in Chören, in Feld und Wald, in den Spinnereien, auf den Wegen und Steigen, nach dem Vesperläuten erschallen ihre mehr oder minder fröhlichen Gesänge.»[9]

Bücher zeigte auf, wie eng in früheren Zeiten Arbeit, Kunst und Spiel zusammenlagen. Es gab auf frühen kulturellen Stufen nur eine Art der menschlichen Tätigkeit, welche Arbeit, Spiel und Kunst in sich verschmolz. Wir wollen im folgenden weitgehend Bücher selbst zu Wort kommen lassen: «Die Künste der Bewegung (Musik, Tanz, Dichtkunst) treten beim Vollzug der Arbeit mit zutage, und die Künste der Ruhe (Bildnerei, Malerei) erscheinen in den Ergebnissen der Arbeit – wenn auch oft nur in der Gestalt der Ornamentik – verkörpert … Das Band, welches diese, nach unserem Empfinden so verschiedenartigen Elemente zusammenhält, ist der Rhythmus: die geordnete Gliederung der Bewegungen in ihrem zeitlichen Verlauf. Der Rhythmus entspringt dem organischen Wesen des Menschen … Der Rhythmus erweckt Lustgefühle; er ist darum nicht bloß eine Erleichterung der Arbeit, sondern auch eine der Quellen des ästhetischen Gefallens und dasjenige Element der Kunst, für das allen Menschen ohne Unterschied der Gesittung eine Empfindung innewohnt.» (S. 435) Später teilte sich diese Einheit in mehrere Bereiche auf, wobei die wirtschaftlich-technische Arbeit, das Spiel und die Künste eigene Wege gingen.[23]

So entsteht ein ganz anderes Bild von den traditionellen Arbeitsweisen, indem einförmige Arbeit nicht notwendigerweise als belastend, sondern auch als Wohltat empfunden werden kann, solange das Tempo der Körperbewegungen selbst bestimmbar ist. Die Beispiele zeigen, daß es diese Arbeitsformen heute kaum noch gibt, und erst recht fehlt jene fröhliche Stimmung in der heutigen Arbeitswelt völlig.

Bücher untersuchte auch die Wege, auf denen diese Arbeitsformen verlorengingen: «Als man die Vorteile des Hebels, des Keils, der Rolle, der Schraube kennen und in der mannigfachsten Weise anwenden lernte, als der Pflug an Stelle des Grabscheits trat, die Walze an Stelle der Stampfe, die Presse an Stelle des Schlägels, die Walkmühle und Schraubenkelter an Stelle der Füße des Walkers und Keltertreters … : da war zwar auf allen diesen Gebieten eine ungeheure Arbeitslast von den Schultern des Menschen genommen; aber für den immerhin ansehnlichen Rest der Arbeit, der ihm überall noch verblieb, war er in der freien Gestaltung seiner Körperbewegungen beschränkt und von den neuen Hilfsmitteln der Produktion in gewissem Grade abhängig geworden. Seine körperliche Tätigkeit wirkte jetzt vielfach nur noch mittelbar auf den Stoff; in dem räumlichen Ausgreifen und in der Zeitdauer der Muskelbewegungen war er nicht mehr ganz frei; das Werkzeug war nicht mehr eine bloße Verstärkung seiner Gliedmaßen, die diesen unbedingt gehorchte, sondern es begann eine gewisse technische Herrschaft über den Menschen auszubilden. Und aus der technischen Herrschaft des Werkzeugs entwuchs im Laufe der Zeit die ökonomische Herrschaft des Werkzeugbesitzers … Darin liegt das Aufreibende der Fabrikarbeit und das Niederdrückende: der Mensch ist ein Knecht des nie rastenden, nie ermüdenden Arbeitsmittels geworden, fast ein Teil des Mechanismus, den er an irgendeiner Stelle zu ergänzen hat. Und damit ist auch der Arbeitsgesang zum guten Teile verschwunden. Was vermöchte die Menschenstimme gegen das Knattern des Räderwerks, das Surren der Transmissionen und alle jene unbestimmbaren Geräusche, welche die meisten Fabriksäle erfüllen und aus ihnen das Behagen verscheuchen! …

Darin ist das Leben des Einzelnen ärmer, nüchterner geworden; die Arbeit ist ihm nicht mehr Musik und Poesie zugleich; die Produktion für den Markt bringt ihm nicht mehr persönliche Ehre und Ruhm … sie verlangt Dutzendware und würde individuellen künstlerischen Neigungen keine Betätigung gestatten, auch wenn sie vorhanden wären … Aber es darf daneben nicht übersehen werden, was die Gesamtheit bei diesem Entwicklungsprozeß gewonnen hat. Technik und Kunst haben sich durch Differenzierung und Arbeitsteilung zu einer ungeahnten Leistungsfähigkeit entwickelt; die Arbeit ist produktiver, unsere Ausstattung mit wirtschaftlichen Gütern reicher geworden, und es darf die Hoffnung nicht aufgegeben werden, daß es gelingen wird, Technik und Kunst dereinst in einer höheren rhythmischen Einheit zusammenzufassen, die dem Geiste die glückliche Heiterkeit und dem Körper die harmonische Ausbildung wiedergibt …» (S. 456f.).[9]

8.
Der moderne Mensch im Gefüge der Rhythmen

Welche Bedeutung hat nun diese Fülle der Rhythmen für den Menschen? Und was bedeutet der fortschreitende Verlust der rhythmischen Lebensordnung in der heutigen Zivilisation der industrialisierten Gesellschaft?

In vielfältiger Weise entziehen wir uns geradezu den Rhythmen. Wie wir die Bewegungsrhythmen bei der Arbeit weitgehend verloren haben, so haben wir besonders zu den langwelligen Rhythmen von Woche, Monat und Jahr kaum noch ein von Verständnis getragenes Verhältnis. So nivelliert der Mensch beispielsweise den Rhythmus der Jahreszeiten in seinem Erleben weitgehend. Er durchbricht aber auch vielfach den Tagesrhythmus, denn durch elektrisches Licht läßt sich die Nacht erhellen, so daß nächtliches Leben und nächtliche Arbeit möglich werden. Hierbei stoßen wir aber auch deutlich an Grenzen der physischen und psychischen Gesundheit, denn die Rhythmen des eigenen Organismus bestehen nun einmal. Unsere technisierte Welt neigt dazu, die Rhythmen zu ignorieren; die Maschinen kennen keinen Tages- oder Wochenrhythmus. Sie funktionieren permanent, und der Mensch wird gezwungen mitzuhalten. Ja, der wie eine Maschine funktionierende Mensch erscheint der modernen Arbeitswelt geradezu als ein Ideal. Wenn aber eine mechanistische Betrachtung den menschlichen Organismus selbst nur als eine Art Maschine ansieht, bleibt es schließlich unklar, warum jemand in einem solchen System versagt. Hier hat allerdings die Chronobiologie in neuerer Zeit eine breite Bresche geschlagen, denn gerade die Berücksichtigung der zeitlichen Bedingungen in der beruflichen Welt ist eine ihrer wesentlichen Anwendungsgebiete.

Was hat es aber mit diesem Verlust an Rhythmen auf sich? R. Steiner weist darauf hin, daß die zunehmende Unabhängigkeit von den äußeren rhythmischen Bindungen ein der neueren Entwicklung zugehöriges Charakteristikum ist. Der Mensch in alten Zeiten richtete ganz selbstverständlich seine eigenen Rhythmen nach den kosmischen Rhythmen ein, indem er in natürlicher Weise zum Beispiel mit dem Sonnenlauf und dem Mondenlauf lebte. «Eigentlich hat der Mensch in den alten Zeiten wirklich keine Uhr gebraucht, denn er war selber eine Uhr. Es richtete sich sein Lebensablauf, den er recht deutlich spüren konnte, durchaus nach den kosmischen Verhältnissen.»[90] (S. 195)

Wie wir uns dieses unmittelbare Eingebundensein in die äußeren Rhythmen vorstellen können, wird uns aus dem Tierreich deutlich. Viele Vögel sind in der Lage, sich am Stand der Sonne zu orientieren. Dazu ist es aber nötig, die laufende Änderung der Sonnenstellung zu berücksichtigen; dies ermöglicht ihnen die «Kenntnis» der Tageszeit mit Hilfe ihres inneren Tagesrhythmus. Es wird oft geschrieben, die Vögel bedienten sich dazu einer inneren Uhr, aber man muß wohl davon ausgehen, daß sie selbst eine Uhr sind. Wahrscheinlich finden viele Zugvögel mit Hilfe dieser sogenannten «Sonnenkompaßorientierung» auch ihren Weg in den Süden. Ähnlich kann sich auch die Honigbiene orientieren, wenn sie einen reichen Trachtplatz anfliegt. So spielt sich das Leben dieser und anderer Tiere unmittelbar im Tagesrhythmus ab. Ähnliches läßt sich für den Jahresrhythmus verfolgen. Die Tierwelt, aber auch die Pflanzenwelt, ist ohne solche Zeitstrukturen nicht denkbar. Diese Ordnung wird jedoch ganz und gar von den äußeren Verhältnissen der Erdumdrehung und des Sonnenumlaufs geregelt, denn Tier- und Pflanzenwelt haben keine Möglichkeit, aus der Synchronisation mit diesen auszubrechen.

Der Mensch aber hat sich von diesen Verhältnissen erheblich emanzipiert und hat daher auch das genaue Gefühl für die Tageszeit weitgehend verloren – wenn es auch einzelne Menschen gibt, die ein solches Gefühl noch besitzen. Wir sind mithin in der Lage, diese Rhythmen willentlich zu durchbrechen, was aber, so Steiner, erst in neuerer Zeit möglich wurde. Gerade darin bestehe der Fortschritt des Menschen auf der Erde, daß sich die äußeren Verhältnisse nicht mehr genau decken müßten mit dem Inneren des Menschen. Die Rhythmen des menschlichen Organismus selbst, und gerade dies ist in den vorangegangenen Kapiteln beschrieben worden, bleiben aber bestehen, auch wenn sie nicht mehr von den kosmischen Rhythmen abhängig sind.

«Der Mensch wäre nie ein selbständiges Wesen geworden, wenn seine ganze Tätigkeit am Gängelbande der kosmischen Verhältnisse verflossen wäre. Gerade dadurch hat er seine Freiheit bekommen, daß er unter Beibehaltung des innerlichen Rhythmus losgekommen ist von dem äußeren Rhythmus.»[90] (S. 196)

Mit der Chronobiologie gesprochen, können wir sagen: Die inneren Rhythmen des Menschen sind nicht mehr abgestimmt und synchron mit den äußeren Rhythmen des Kosmos, aber sie bestehen weiter, und zwar mit ähnlichen Periodenlängen. Steiner nennt ein Beispiel hierzu: «So konnte in alten Zeiten urferner Vergangenheit der Mensch nur zu einer ganz bestimmten Sternkonstellation empfangen und zehn Mondmonate hinterher geboren werden. Dieses Zusammenfallen der Empfängnis mit einem kosmischen Verhältnis fiel weg, aber der Rhythmus blieb.»[90] (S. 496) Der Tagesrhythmus allerdings wird noch heute weitgehend von kosmischen Zeitgebern geregelt, wie wir im zweiten Kapitel gesehen haben.

Steiner verwahrt sich gegenüber Weltanschauungen, die zu den alten Rhythmen zurückkehren wollen. Der Mensch habe herauskommen müssen aus den alten Rhythmen, und gerade dies sei Teil seines Fortschrittes. «Wenn gewisse Propheten heute herumgehen und ‹Rückkehr zur Natur› predigen, so wollen diese eben das Leben zurückschrauben und nicht vorwärtsbringen. Alles jenes laienhafte Herumreden von einem Zurückkehren zur Natur versteht nichts von wirklicher Evolution. Wenn eine Bewegung heute den Menschen anweist, gewisse Nahrungsmittel nur zu bestimmten Jahreszeiten zu genießen, denn die Natur selbst zeige das schon dadurch an, daß die Nahrungsmittel nur zu besonderen Zeiten wachsen, so entspricht das einem ganz abstrakt-laienhaften Gerede. Gerade darin besteht die

Entwicklung, daß der Mensch sich immer unabhängiger macht von dem äußeren Rhythmus.»[90] (S. 198)

Was kann nun die Konsequenz daraus sein? Sollten wir im Zuge einer weiteren Emanzipation von den Umweltgegebenheiten, die ja das bestimmende Prinzip in der Höherentwicklung der Organismen ist, die Rhythmen immer weiter vernachlässigen? Oder muß man aus den chronobiologischen Ergebnissen nicht eher darauf schließen, daß das Eingehen auf die Rhythmen Voraussetzung für ein gesundes Leben ist?

Kehren wir noch einmal kurz zurück zur Beschreibung des dreigliedrigen Systems der kurz- und mittelwelligen Rhythmen (siehe Kapitel 1.4.). Diejenigen Rhythmen, die mehr dem Lebenspol angehören, halten eine strenge rhythmische Ordnung ein (das heißt, die Rhythmen von Erholung, Ernährung und Verdauung laufen in bevorzugten Frequenzen ab), und alle, die mehr dem Bewußtseinspol angehören, streben eine freie Frequenzveränderung an. Wo also das Bewußtsein des Menschen auf die Funktionen Einfluß nehmen kann, wird die rhythmische Ordnung zunächst einmal aufgehoben. Wir sind allerdings nicht in der Lage, bewußt ins Verdauungsgeschehen einzugreifen, so daß hier der Lebenspol weiter bestimmend bleibt und eine strenge rhythmische Ordnung beibehalten wird. Im Kreislaufsystem durchmischen sich die Verhältnisse: In der Nacht, wenn das Bewußtsein nicht auf den Organismus gerichtet ist, stellt dieser eine genaue rhythmische Ordnung wieder her, die am Tage aufgelöst wurde, wenn das Bewußtsein vom Organismus die notwendigen Leistungen verlangt. Erst die Nervenfunktionen, auf die ja das Bewußtsein den unmittelbarsten Einfluß hat, werden deshalb in ihrer Frequenz frei variiert. Aus dieser Gesetzmäßigkeit läßt sich erkennen, daß eine rhythmische Ordnung die Basis für alle Vitalfunktionen ist.

Überall, wo ein Überwiegen von Vitalfunktion, Regenerations- und Aufbauvorgängen wichtig ist, wird rhythmische Gebundenheit die Grundlage. Das gilt nun auch für die Regenerations- und Stoffwechselvorgänge derjenigen Organe, die mehr dem Bewußtseinspol zugeneigt sind. Wir dürfen also sagen: Rhythmen müssen immer da beachtet werden, wo Lebenskraft aufzubauen ist.

Für die Erholung von besonderen Belastungen, für Kranke und Erschöpfte ist es also wichtig, auf die natürlichen Rhythmen einzugehen. Da letztlich nach allen normalen Anforderungen eine Erholung folgen muß, wird sich für jeden die Frage stellen, wie er mit den Rhythmen von Tag, Woche, Monat und Jahr und auch den ultradianen Rhythmen im Stundenbereich umgeht, um seinem Organismus eine rhythmische Hygiene zu gewähren. Wie der Organismus von sich aus gerade für Erholung und Regeneration auf eine genaue rhythmische Ordnung zurückgreift, hatten wir bereits gesehen. Beispielsweise stellt er nachts das optimale Verhältnis der Puls- zur Atemfrequenz von 4 : 1 ein, und das Erreichen dieses Verhältnisses ist eine Voraussetzung für eine gute Erholung im nächtlichen Schlaf. Ebenso haben wir gesehen, wie Anpassungen und Heilungsvorgänge in siebentägigen Rhythmen verlaufen. Wichtig für Regenerationen kann aber auch ein bewußtes Eingehen zum Beispiel auf den Tagesrhythmus sein.

Ähnliches gilt in der Pädagogik: Für die Grundlage der Lebensfunktionen des Organismus ist es notwendig, daß die Kinder eine gewohnheitsmäßige Sicherheit im Leben mit den Rhythmen bekommen. Erst diese Sicherheit ermöglicht ihnen später den souveränen Umgang mit der Zeit. Gerade vor dem Hintergrund der Befreiung von den Rhythmen und der Möglichkeit des freien Umgangs mit ihnen ist diese Sicherheit notwendig und wichtig. Sie ist gewissermaßen eine Technik der Gesunderhaltung des Organismus, so wie den Pianisten nur die sichere Beherrschung seiner Spieltechnik für das virtuose, künstlerische Spiel freimacht.

Aber auch im geistig-seelischen Bereich gibt es Rhythmen, was hier nur kurz angedeutet werden kann. So durchzieht Rhythmus das ganze Seelenleben des Menschen. Das läßt sich in den verschiedenen seelischen Zuständen, zum Beispiel zwischen Aufmerksamkeit und Entspannung, verfolgen. Aber auch etwa die Art, wie wir anderen Menschen begegnen, ist von einem rhythmischen Geschehen zwischen seelischer Nähe und Entfernung gekennzeichnet. Freude und Trauer, Heiterkeit und Ernst, Lust und Unlust sind Pole, zwischen denen das

Seelenleben pendelt. R. Steiner führt sogar ganz grundsätzlich das Seelenleben auf einen Rhythmus zurück, den er als einen Rhythmus von Sympathie und Antipathie entwickelt.[91]

Rhythmus kann auch ein ausgleichendes Element in der Hast unserer Tage sein. Er kann hier eine lebendige Ruhe in der Mitte zwischen Hast auf der einen und Trägheit auf der anderen Seite vermitteln.

Ein bewußter Umgang mit den Rhythmen führt aber noch in eine andere Dimension. Wir können zum Beispiel den Rhythmus der Jahreszeiten erleben, indem wir bewußt und mit Absicht die Ereignisse in der Natur verfolgen. Das ist gegenüber dem Leben in den zwingenden Notwendigkeiten jahreszeitlicher Rhythmen, wie sie etwa in den traditionellen Landwirtschaftsformen der vergangenen Jahrhunderte bestanden, eine neue Möglichkeit des Umgangs mit dem Jahresrhythmus. Steiner hat Hilfen dazu gegeben – etwa das Sprachgut der Wochensprüche im Seelenkalender –, durch die das jahreszeitliche Atmen intensiver miterlebt werden kann. So ist auch der Jahresrhythmus für den Menschen nicht nur ein Rhythmus seines biologischen Organismus, wie ihn die Chronobiologie zunächst beschreibt, sondern ebenfalls ein seelisch-geistiger. Rhythmus kann, nachdem wir ihn im äußeren Leben zunächst verloren haben, jetzt auf einer anderen Ebene erneuert werden. Dazu gehörten und gehören auch besonders die Jahresfeste.

Steiner weist darauf hin, daß man letztlich nicht ohne Rhythmen leben kann, also durchaus eine rhythmische Ordnung einhalten sollte. Es komme jetzt aber darauf an, nicht wieder in die äußeren rhythmischen Gegebenheiten «hineinzuschlüpfen», sondern von innen heraus Rhythmen aufzubauen. Unser Zeitalter sei gerade darin charakteristisch, daß es den alten Rhythmus – den äußeren – verloren und noch keinen neuen, inneren Rhythmus gewonnen habe. Der Mensch ist heute, so Steiner, erst einmal gerade auch in seinem Denken, in seinen Empfindungen und seinem Gefühlsleben chaotisch und damit unrhythmisch. Während dort, wo der Mensch noch wenig Einfluß hat, also im mehr leibgebundenen Bereich, die Regelmäßigkeit fortherrscht, ist in den Teilen seines Wesens, die er bewußt beeinflussen kann, Regellosigkeit und «Unrhythmus», Rhythmuslosigkeit eingezogen. Damit hat sich der Mensch auch in seinen Gedanken herausgerissen aus den ihn tragenden Rhythmen. So sei in Zukunft, führt Steiner weiter aus, eine innere Gedankenordnung, ein Gedankenrhythmus zu entwickeln. Das chaotische, ungeordnete Gedankenleben unserer Tage müsse überwunden werden und eine innere Regelmäßigkeit entstehen.[90]

9.
Zum Begriff des Rhythmus

Nachdem wir uns ausführlich mit den rhythmischen Phänomenen des menschlichen Organismus beschäftigt haben, wollen wir uns zum Schluß der Betrachtungen einer allgemeinen Charakterisierung des Begriffs Rhythmus zuwenden. Die Ansätze dazu in der Literatur sind sehr uneinheitlich und beschreiben jeweils nur Teilaspekte des Phänomens (vgl. zum Beispiel A. Bethe,[6] W. Bühler,[10] L. Klages,[57] P. Röthing,[78] Übersicht bei R. Heimann[27]). Wir wollen hier den Versuch unternehmen, diese Aspekte in einer qualitativen Beschreibung zusammenzufassen, um – eng am Phänomen, hier besonders dem biologischen – die zugrundeliegende Begrifflichkeit zu erfassen. Dabei erscheint es sinnvoll, den Begriff des Rhythmus zunächst an das Prinzip der Schwingung anzuknüpfen.

Rhythmische Vorgänge können als Schwingungsphänomene aufgefaßt werden, wie sie auch physikalisch, etwa am Beispiel mechanischer Schwingungen, beschrieben sind (Oszillatoren). Darüber hinaus wird man die Besonderheiten von Schwingungen im Bereich des Lebendigen aufsuchen müssen, für den physikalische Schwingungen jedoch nur Modellcharakter haben können.

So kann Rhythmus verstanden werden als eine kontinuierliche Bewegung zwischen polaren Gegensätzen, die sich in ähnlichen Zeitverhältnissen regelmäßig wiederholt. Das Durchlaufen der Gegensätze ergibt Betonungen, ihre Verbindung durch die Bewegung im ablaufenden Prozeß führt zu Geschlossenheit und Ganzheit des Ablaufs.

Das Prinzip der *Bewegung* ist allen rhythmischen Phänomenen zu eigen, ob diese sich im räumlich-materiellen oder im seelischen

Bereich ausprägen. Charakteristisch ist dabei die Verbundenheit aller Elemente untereinander, nie setzt die *kontinuierliche* rhythmische Bewegung aus. Der rhythmische Vorgang strebt die Extreme in jeweils einander entgegengesetzten Bewegungen an, so daß es Bewegung und Gegenbewegung, Hin und Her oder Auf und Ab usw. gibt. Zumeist erreicht er die Extreme allmählich und verläßt sie wieder allmählich. So wie zwischen den Extremen nur Bewegung und Fluß ist, so durchläuft er auch die Extreme im Fluß.

Durch die Bewegung, das heißt durch den ablaufenden Prozeß, erfahren die Extreme eine Verbindung. Diese Verbindung ist also nur durch den Prozeß vorhanden. Aber auch die Extreme existieren nur durch den Prozeß. Weil es in der bewegten See einen Wellenberg gibt, gibt es ein Wellental; nur weil es die Dunkelheit der Nacht gibt, erscheint der Tag als hell, sonst würde er als Dauerzustand keine besondere Qualität haben. So kann Rhythmus auch nicht aus einzelnen Elementen bestimmt werden, sondern nur aus dem Ganzen des Prozesses.

Rhythmische Bewegung ist damit gekennzeichnet durch das Prinzip der *Polarität*, das den Prozeß in allen Phasen durchdringt: So wie zum Beispiel einem Maximum ein Minimum gegenübersteht, hat jede Phase eine ihr polar entgegengesetzte Phase. Der ansteigenden Phase steht eine absteigende gegenüber, hier sind die Bewegungsrichtungen zueinander gegensätzlich.

Betonungen entstehen dort, wo die Extreme erreicht werden. Eine *Geschlossenheit* entsteht durch die Verbindung, die die Polaritäten vermittels des Bewegungsprinzips untereinander in eine Beziehung setzt. So verweist Rhythmus auf Ganzheit, die aber wiederum prozessualen Charakter hat. Eine Auslenkung über die Maximalpunkte hinaus durchbricht den Rhythmus und stört ihn, die Geschlossenheit ist verletzt.

Diese Elemente können in den verschiedensten Phänomenen beobachtet werden, die wir eindeutig als Rhythmen erkennen: Die Atmung zum Beispiel ist eine allmähliche Aufnahme der Luft bis zu einer gewissen Füllung der Lungen und eine sich anschließende allmähliche Abgabe bis zu einer gewissen Entleerung. Dem Moment der maximalen Einatmung steht die maximale Ausatmung polar gegenüber. Ein kurzes Innehalten in der maximalen Einatmung auf der einen Seite ist einem Innehalten in der maximalen Ausatmung entgegengesetzt, dem Luftstrom zur Lunge korrespondiert derjenige zur Außenwelt, der Hebung des Brustkorbs seine Senkung usw. Die Körpertemperatur im Tageslauf ist ein Rhythmus, dessen einzelne Phasen sich jeweils gegenüberstehen durch die Richtung des Anstieges und des Abfalls. Nur kurze Zeit des Tages sind die Extreme dabei verwirklicht.

Helligkeit und Dunkelheit von Tag und Nacht sind fließend einander angeschlossen: Die Dämmerung des Morgens leitet von der Nacht über zum Tag, und auch im Tagesablauf verändert sich das Licht mit der Sonnenstellung weiter bis zur Abenddämmerung, die wieder allmählich zur Dunkelheit überleitet. Im Jahreslauf steigt die Sonne allmählich immer höher, um wieder umzukehren und zur Zeit der Wintersonnenwende nur kurz über den Horizont zu wandern: Es stehen sich polar gegenüber die Sommersonnenwende und die Wintersonnenwende, Tagundnachtgleiche von Frühjahr und Herbst sowie die Bewegungsrichtungen des Sonnenhöchststandes zwischen den Wendekreisen und damit wiederum in unseren Breiten die kalten Winter den warmen Sommern, das Wachsen und Keimen im Frühjahr dem Abwurf der Blätter im Herbst.

Und hier wird auch deutlich, warum man vom Rhythmus der Planetenbewegungen sprechen kann: Hier findet man alle Formen von Übergängen, es gibt keine plötzlichen, einzelnen Ereignisse ohne Verbindung untereinander. Die Bewegungen, deren einzelne Phasen ebenfalls als einander polar beschrieben werden können, schließen sich zum Rhythmus zusammen. Abbildung 43 demonstriert, wie auch die Bewegung auf der Kreisbahn letztlich in Form einer Sinusschwingung dargestellt werden kann. In ähnlicher Weise ist das auch für die elliptischen Planetenbahnen möglich.

Die Bewegungen des Pendels können als Beispiel für das Geschehen im Rhythmus gesehen werden. Auf diese treffen alle Merkmale zu: Es handelt sich um eine kontinuierliche Bewegung im Schwung von der einen auf die andere Seite, die sich in ähnlichen (hier unter Umstän-

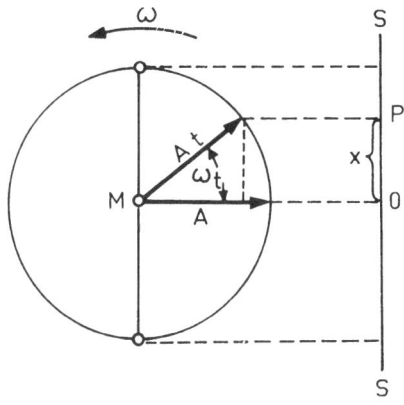

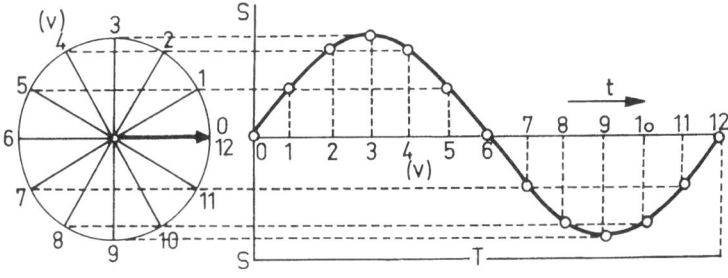

Abb. 43:
Konstruktion einer Sinusschwingung aus einer Kreisbewegung. Der Vektor A dreht
sich um den Mittelpunkt M, die Projektion OP für die jeweils entstehenden Winkel
wird gegen die Zeit aufgetragen. (Aus: L. Rensing,[75] S. 17)

den genau gleichen) Zeitverhältnissen regelmäßig wiederholt. Betonungen liegen jeweils in den Extrempunkten der einen und der anderen Seite. Der Vorgang hat eine Geschlossenheit in sich, da über die Maximalauslenkung hinaus keine abweichende Bewegung stattfindet; nur im Rahmen des einmal umschriebenen Bewegungsumfanges laufen alle folgenden Bewegungen ab. So stehen sich polar gegenüber die beiden Maximalauslenkungen und die beiden Bewegungsrichtungen zu den jeweiligen Seiten. Eine Maximalgeschwindigkeit des Pendels am Tiefstpunkt steht einem Moment des Innehaltens am Höchstpunkt gegenüber, der Vorgang des Durchlaufens in einer gleichbleibenden Richtung am Tiefstpunkt steht der Richtungsänderung am Höchstpunkt gegenüber, die Verzögerung beim Schwung zum Höchstpunkt steht der Beschleunigung bei dessen Verlassen gegenüber usw. Dies verdeutlicht, daß der gesamte Vorgang der rhythmischen Schwingung vom Prinzip der Gegensätze getragen wird und durchdrungen ist.

Nun bleibt noch zu betonen, daß sich der rhythmische Vorgang oft nur in ähnlicher, selten der genau gleichen Weise wiederholt. Sehen wir in die Biologie, so können wir überall Unregelmäßigkeiten feststellen. Niemals kehrt ein Ereignis mit mathematischer Genauigkeit in derselben Weise und zum selben Zeitpunkt wieder. Lediglich bei einfachen mechanischen Beispielen sind weitgehend exakte Verhältnisse zu finden. So lassen sich also regelmäßige von unregelmäßigen Rhythmen unterscheiden. Einen regelmäßigen Rhythmus empfinden wir als unlebendig, einen unregelmäßigen Rhythmus dürfen wir daher als lebendigen Rhythmus charakterisieren. Unregelmäßigkeiten erleben wir als zum Phänomen dazugehörig, nicht als störend. Diese Ungenauigkeiten zusammengenommen können wieder als eine Bewegung angesehen werden, wenn man so will als «Bewegung in einer zweiten Dimension». Diese erfolgt chaotisch und ist heute in einigen wenigen Themengebieten Gegenstand der modernen Chaosforschung.

In der Musik wird das Wort Rhythmus in einem anderen Sinne gebraucht und darf nicht mit seiner allgemeinen Bedeutung verwechselt werden. Möglicherweise liegt hier auch der Ausgangspunkt für die meisten Verwirrungen, die es in bezug auf eine allgemeine Begriffsbildung bislang gegeben hat. In der Musik meint man mit Rhythmus heute zumeist die Abfolge von Längen und Kürzen. In der angehörten und erlebten Musik ist aber ein Rhythmusprinzip enthalten, das die unmittelbare Verwandtschaft mit dem Rhythmus unserer biologischen und ebenso unserer geistig-seelischen Organisation aufdeckt.

Dies besteht darin, daß Musik ja vom Aufbau von Spannung und deren Lösung lebt. Jedes musikalische Motiv baut eine Spannung auf, die zu einer Auflösung strebt. Aus dieser Bewegung zwischen Spannung und Auflösung besteht die Musik. Sie verwirklicht sich in der Melodieführung, in der Harmonik – in der einfachsten Form als Tonika/Dominante/Tonika – ebenso wie in den Notenlängen und wird durch den Umgang mit laut und leise aufgegriffen. Diese Bewegungen sind dann im musikalischen Erleben wiederzufinden: Der Zuhörer empfindet solche vielfältigen Bewegungen zwischen Spannung und Lösung in sich mit. Nur eines dieser Elemente ließe kein wirkliches Musikerlebnis zu: Andauernder Aufbau von Spannungen ließe uns seelisch «zerbersten», Musik nur in der Tonika erschiene langweilig und eintönig.

Dieses musikalische Erlebnis hat eine enge Verwandtschaft zum Atem, dessen Strom in der Musik wiederzufinden ist. Sofern ein musikalisches Motiv einen Atem hat, wird es als angenehm erlebt, und ein guter Musiker, auch wenn er nicht zu den Bläsern gehört oder singt, atmet in diesem Rhythmus seiner Musik.

Die Musik hat der Mensch aus seiner Organisation heraus entwickelt. Dies ist in vielfältiger Weise in der Literatur dargestellt worden. Ein Aspekt dazu ergibt sich aus den Darstellungen K. Büchers, zu dem wir noch einmal zurückkehren wollen. Er beschreibt, wie vielfältig bei der Arbeit gesungen wurde und wie insbesondere die rhythmisch ausgeführten Arbeiten regelmäßig von Versen und Gesängen begleitet wurden. Singen bei der Arbeit war völlig normal, ja, zum Teil war man davon überzeugt, daß die Arbeit nicht gelingen könne, wenn man dabei nicht sänge. So darf man sicherlich auch annehmen, daß die Rhythmen zumindest einer ganz ursprünglichen Form der Musik aus der Verbindung von Gesangs- und Tätigkeitsrhythmus hervorgegangen sind, etwa indem die rhythmische Bewegung bei der Arbeit eine rhythmische Bewegtheit der Musik mit sich brachte. Aus diesem Element dürften wohl auch alle wechselseitigen Beziehungen zwischen Rhythmus in der Musik und menschlichen Körperbewegungen bestehen, wie etwa beim Tanz und vielem anderen mehr.

10.
Schluß

Kehren wir wieder zurück zur Biologie. Wir haben gesehen, daß Organismen offensichtlich vielfältig und komplex schwingende Systeme sind. Leben kann niemals als ein Zustand, sondern nur als eine dynamische, zeitliche Ordnung verstanden werden. Diese Ordnung besteht im prozeßhaften Wechsel zwischen verschiedenen Funktionsrichtungen, die jeweils im Rhythmus ausgeglichen werden. Jeder Bewegung folgt eine Gegenbewegung, die die Geschlossenheit des Vorganges herstellt. Entgleist dieser Wechsel, entstehen Krankheit oder Zusammenbruch der Lebensvorgänge. Um den fundamentalen Charakter der Erforschung biologischer Rhythmen für die Erkenntnis des Lebendigen noch einmal zu unterstreichen, seien zum Abschluß drei Kernphänomene und damit Kernprobleme der Chronobiologie angeführt.

Die Ursachen biologischer Rhythmen konnten bisher naturwissenschaftlich nicht erklärt werden, auch wenn inzwischen viele wichtige Detailkenntnisse erarbeitet wurden. Da man für die Aufrechterhaltung eines inneren Milieus von Organismen das Prinzip der Homöostase verantwortlich macht (siehe Diskussion der Einleitung), wird vielfach versucht, biologische Schwingungen auf Schwankungen, die sich aus einer Reaktionsträgheit solcher Systeme ergeben, zurückzuführen. Rhythmus heißt aber nicht Schwankungsbreite, sondern Schwankungsregelmäßigkeit, und gerade diese Regelmäßigkeit von Rhythmen im Organismus kann durch das Modell nicht erklärt werden. Es versagt vor dem Phänomen weitgehend exakter Frequenzen sowie genauer Phasenbeziehungen von Rhythmen untereinander.

Wie eng verbunden das Prinzip rhythmischer Schwingung mit dem Lebensvorgang als solchem ist, zeigen auch Experimente H. G. Schweigers. Er führte mit seinen Mitarbeitern im Max-Planck-Institut in Heidelberg Untersuchungen an der einzelligen, einkernigen Grünalge Acetabularia durch, die am Rande tropischer und subtropischer Meere zu finden ist.[84, 85, 86] Sie erreicht, je nach Art, die stattliche Größe von einigen Millimetern bis hinauf zu 20 cm und mehr. Da sie so groß ist, dennoch aus einer einzigen Zelle besteht und außerdem relativ widerstandsfähig gegen zellchirurgische Eingriffe wie Zellkernentfernungen oder Zellkerntransplantationen ist, eignet sie sich besonders gut für Experimente, die Vorgänge biologischer Rhythmen auf zellulärer Ebene untersuchen. Die Grünalge zeigt Schwingungen der Photosyntheseaktivität, die alle Kriterien circadianer Rhythmen erfüllen. Solchen Zellen wurde nun zellchirurgisch der Zellkern entfernt, und es zeigte sich, daß der circadiane Rhythmus im zurückbleibenden Zellfragment bestehen blieb. Dann wurden Teile vom Zellkörper abgetrennt, die für eine gewisse Zeit überleben konnten: Auch darin blieb der gemessene Rhythmus bestehen! Diese Experimente zeigen: Solange Leben vorhanden ist, gibt es rhythmische Schwingungen!

Das Phänomen der biologischen Rhythmen stellt die Chronobiologen vor ein weiteres grundsätzliches Problem: Biologische Rhythmen zeigen das Phänomen der Temperaturkompensation. Dies bedeutet, daß größere Änderungen der Temperatur nur kleine Änderungen in der Frequenz des Rhythmus bewirken. Nach einem Gesetz der Chemie und Biochemie laufen chemische Reaktionen grundsätzlich bei höheren Temperaturen schneller, bei niedrigeren Temperaturen langsamer ab. Dies wird üblicherweise damit erklärt, daß sich die Moleküle in einer Lösung um so mehr bewegen, je höher die Temperatur ist, und es dadurch häufiger zu Zusammenstößen zwischen Reaktionspartnern kommt. Da man, gemäß der derzeitigen naturwissenschaftlichen Grundauffassung, davon ausgeht, daß auch circadiane Rhythmen eine molekular-chemische Ursache haben, würde man erwarten, daß die Frequenzen der circadianen Rhythmen mit höheren Temperaturen zunehmen, weil dann alle vermuteten biochemischen Vorgänge schneller abliefen und damit die Periode verkürzt würde. Das ist aber nicht der Fall. Die Experimente zeigen regelmäßig, daß höhere Temperaturen kompensiert werden, das heißt, die Periodenlänge bleibt weitgehend gleich. Ja, teilweise werden sie sogar überkompensiert: Bei höherer Temperatur verlängert sich die Periode, bei niedrigerer Temperatur verkürzt sie sich. Diese Befunde widersprechen der Reaktions-Geschwindigkeit-Zeit-Regel. In diesem biochemischen Paradox dürfte eines der Geheimnisse des Phänomens biologischer Rhythmen liegen.

Um die Hypothese zu stützen, daß biologische Rhythmen von molekularen Reaktionen ausgehen, werden vielfach chemische Modellreaktionen herangezogen, die eigenständig oszillieren, das heißt bei denen ein chemischer Vorgang beständig hin- und herschwankt. Solche chemischen Oszillatoren gibt es sowohl in der anorganischen Chemie wie auch in der Biochemie. Diese Modelle unterscheiden sich aber in einigen Eigenschaften grundlegend von den biologischen Rhythmen, insbesondere sind sie temperaturabhängig! Damit ist die physiologische Bedeutung solcher Modelle unklar, sie sind nicht wirklich vergleichbar mit biologischen Schwingungen.

Dies alles deutet darauf hin, daß das Phänomen Rhythmus ein eigenständiges zeitliches Prinzip ist, das den Lebensvorgängen zugrunde liegt. Um es wiederum mit J. Bockemühls Worten, die wir in der Einleitung zitiert haben, zu sagen: «Der Rhythmus ist aber das Element des Lebens.»

Die Chronobiologie ist eine junge Wissenschaft, die gerade dabei ist, die ersten Phänomene zusammenzutragen. Sie wird in der Biologie zu einer Entwicklung vom statischen Denken zu einem dynamisch-physiologischen Denken führen, und so darf man auch erwarten, daß gerade die biologische Rhythmusforschung in einer natur- und damit geistgemäßen Biologie eine herausragende Rolle spielen wird.

Literatur

1 Amelung, W., Hildebrandt, G. (Hrsg.): *Balneologie und medizinische Klimatologie.* Band 1, Springer Verlag Berlin (1985).

2 Anders, P.: Über den individuellen Eigenrhythmus beim menschlichen Gange und seine Beziehungen zum Rhythmus der Herz- und Atemtätigkeit. *Pflügers Archich ges. Physiol.* 220, S. 287 – 299 (1928).

3 Aschoff, J.: Der Tagesgang der Körpertemperatur beim Menschen. *Klinische Wochenschrift* 33, S. 545 – 551 (1955).

4 Aschoff, J: Zeitliche Strukturen biologischer Vorgänge. *Nova Acta Leopoldina* 21, S. 147 –177 (1959).

5 Aschoff, J. (Hrsg.): *Circadian clocks. Proceedings of the feldafing summer school 7 – 18 September 1964,* North-Holland Publishing Company Amsterdam (1965).

6 Bethe, A.: Rhythmus und Periodik in der belebten Natur. *Studium Generale* 2, S. 6 – 73 (1949).

7 Bockemühl, J.: Lebensrhythmen im Pflanzen- und Tierreich. In: Schad, W. (Hrsg.): *Goetheanistische Naturwissenschaft, Band 1: Allgemeine Biologie,* Verlag Freies Geistesleben Stuttgart (1982).

8 Broughton, R. J.: Three Central Issues Concerning Ultradian Rhythms. In: Schulz, H., Lavie, P. (Eds). *Ultradian Rhythms,* Springer Verlag Berlin (1982).

9 Bücher, K.: *Arbeit und Rhythmus,* 6. Aufl. Reinicke Verlag Leipzig (1927).

10 Bühler, W.: *Das bewegliche Osterfest,* Katzmann-Verlag Tübingen (1965).

11 Bünning, E.: *Die physiologische Uhr – Circadiane Rhythmik und Biochronometrie,* Springer Verlag Berlin (1977).

12 Dietrich, J., Raschke, F., Hildebrandt, G.: The coordination between walking rhythm and heart beat in trained and untrained humans. *Pflügers Archiv 392,* R 29 (1982).

13 Folkard, S., Monk, T. H.: Circadian rhythms in human memory. *British Journal of Psychology* 71, S. 295 – 307 (1980).

14 Folkard, S., Monk, T. H., Bradbury, R., Resenthall, J.: Time of day effects in school children's immediate and delayed recall of meaningful material. *British Journal of Psychology* 68, S. 45 – 50 (1977).

15 Gadermann, E., Hildebrandt, G., Jungmann, H.: Über harmonische Beziehungen zwischen Pulsrhythmus und arterieller Grundschwingung. *Zeitschrift für Kreislaufforschung* 50, S. 805 – 814 (1961).

16 Goebel, W., Glöckler, M.: *Kindersprechstunde*, Urachhaus-Verlag Stuttgart (1986).

17 Goldberger (1989), *Die Zeit*, 24.2.1989.

18 Golenhofen, K.: Die myogene Basis der glattmuskulären Motorik. *Klinische Wochenschrift* 56, S. 211 – 224 (1978).

19 Golenhofen, K.: Rhythmen im glattmuskulären System. *Chronobiologie und Medizin. Die Bedeutung biologischer Rhythmen.* Studentensymposium Universität Marburg, S. 54 – 70 (1983).

20 Golenhofen, K., Hildebrandt, G.: Die Beziehung des Blutdruckrhythmus zu Atmung und peripherer Durchblutung. *Pflügers Archiv* 267, S. 27 – 45 (1958).

21 Golenhofen, K., Hildebrandt, G.: Zur relativen Koordination von Atmung und Blutdruckwellen III. Ordnung. *Zeitschrift für Biologie* 112, S. 451 (1961).

22 Golenhofen, K., v. Loh, D.: Elektrophysiologische Untersuchungen zur normalen Spontanaktivität der isolierten Taenia coli des Meerschweinchens. *Pflügers Archiv* 314, S. 312 – 328 (1970).

23 Hager, W.: Über den Rhythmus in der Kunst. *Studium Generale* 2, S. 153 – 160 (1949).

24 Halberg, F.: Chronobiology. *Annual Review Physiology* 31, S. 676 – 725 (1969).

25 Hallek, M., Reinberg, A., Hellbrügge, T.: Biologische Rhythmen im Kindesalter. *Der Kinderarzt* 17, S. 893 – 899; S. 1043 – 1048; S. 1150 – 1279 (1986).

26 Heckert, H.: *Lunationsrhythmen des menschlichen Organismus. Methodisches und Ergebnisse.* Reihe: Probleme der Bioklimatologie Bd. 7, Akademische Verlagsgesellschaft Leipzig (1961).

27 Heimann, R.: *Der Rhythmus und seine Bedeutung für die Heilpädagogik. Raum und Zeit als Grunddimensionen des Menschseins,* Urachhaus-Verlag Stuttgart (1989).

28 Hellbrügge, T.: Zeitliche Strukturen in der kindlichen Entwicklung. *Monatsschrift für Kinderheilkunde* 113, S. 252 – 263 (1965).

29 Hellbrügge, T.: Chronophysiologie des Kindes. *Verhandlungen der Deutschen Gesellschaft für Innere Medizin* 73, S. 895 – 921 (1967).

30 Hellbrügge, T.: Circadiane Rhythmen der Nahrungsaufnahme beim jungen Säugling. *Sozialpädiatrie* 1, S. 91 – 98 (1979).

31 Hellbrügge, T., Lange, J., Rutenfranz, J., Stehr, K.: Über das Entstehen einer 24-Stunden-Periodik physiologischer Funktionen im Säuglingsalter. *Fortschritte der Medizin* 81, S. 19 – 26 (1963).

32 Hildebrandt, G.: Bäderwirkungen auf das vegetative System. *Zeitschrift für angewandte Bäder- und Klimaheilkunde* (1960).

33 Hildebrandt, G.: Die rhythmische Funktionsordnung von Puls und Atmung. *Zeitschrift für angewandte Bäder- und Klimaheilkunde* 7, S. 533 – 615 (1960).

34 Hildebrandt, G.: Rhythmus und Regulation. *Die Medizinische Welt,* S. 73 – 81 (1961).

35 Hildebrandt, G.: Biologische Rhythmen und ihre Bedeutung für die Bäder- und Klimaheilkunde. In: Amelung, W., Evers, A.: (Hrsg.): *Handbuch der Bäder- und Klimaheilkunde,* Schattauer Verlag Stuttgart, S. 730 – 785 (1962).

36 Hildebrandt, G.: Leistung und Ordnung. Physiologische Gesichtspunkte zur Rehabilitationsforschung. *Die Medizinische Welt* 17, S. 2732 – 2740 (1966).

37 Hildebrandt, G.: Rhythmus und Regulation unter besonderer Berücksichtigung der Blutdruckregulation. *Zeitschrift für die gesamte Innere Medizin* 22, S. 206 – 213 (1967).

38 Hildebrandt, G.: Rhythmusprobleme der umstimmenden Therapie. *Allgemeine Therapeutik* 7, S. 202 – 214 (1967).

39 Hildebrandt, G.: Störungen der biologischen Rhythmik. *Die Heilkunst* 80, Heft 9 (1967).

40 Hildebrandt, G.: Spontan-rhythmische Schwankungen der Leistungsfähigkeit beim Menschen. *Die Medizinische Welt* 22 (1971).

41 Hildebrandt, G.: Therapeutische Zeitordnung und Kurerfolg. *Zeitschrift für angewandte Bäder- und Klimaheilkunde* 19, S. 219 – 241 (1972).

42 Hildebrandt, G.: Chronobiologische Grundlagen der sogenannten Ordnungstherapie. *Therapiewoche* 24, S. 3883 (1974).

43 Hildebrandt, G.: Chronobiologische Grundlagen der Leistungsfähigkeit und Chronohygiene. In: Hildebrandt, G. (Hrsg.): *Biologische Rhythmen und Arbeit,* Springer Verlag Berlin (1976).

44 Hildebrandt, G.: *Biologische Rhythmen und Arbeit. Bausteine zur Chronobiologie und Chronohygiene der Arbeitsgestaltung,* Springer Verlag Berlin (1976).

45 Hildebrandt, G.: Hygiogenese. *Therapiewoche 27,* S. 5384 – 5397 (1977).

46 Hildebrandt, G.: Chronobiologische Grundlagen der Prävention und Rehabilitation. *Zeitschrift für angewandte Bäder- und Klimaheilkunde 25,* S. 326 – 346 (1978).

47 Hildebrandt, G.: Rhythmen, biologische. *Enzyklopädie Naturwissenschaft und Technik.* Band 4, Verlag moderne Industrie München, S. 3666 – 3679 (1981).

48 Hildebrandt, G.: Über thermische Allaesthesie. Beitrag zur Dreigliederung der Thermoperzeption. *Elemente der Naturwissenschaft 37* (1982).

49 Hildebrandt, G.: Zur Zeitstruktur adaptiver Reaktionen. *Zeitschrift für Physiotherapie 34,* S. 23 – 34 (1982).

50 Hildebrandt, G.: Tagesrhythmik der Thermoregulation. *Funkt. Biol. Med. 3,* S. 189 – 196 (1984).

51 Hildebrandt, G.: Die Bedeutung rhythmischer Phänomene für Diagnose und Therapie. *Beiträge zu einer Erweiterung der Heilkunst,* Sonderheft Juli (1985).

52 Hildebrandt, G.: Zur Physiologie des rhythmischen Systems. *Beiträge zu einer Erweiterung der Heilkunst 39,* S. 8 – 29 (1986).

53 Hildebrandt, G.: *Chronobiologische Aspekte des Kindesalters.* Vortrag Herdecke (1988).

54 Hildebrandt, G., Jungmann, H., Steinke, L.: Über die Beeinflussung koordinativer Leistungen durch Bäder- und Klimakuren. Herzrhythmus und arterielle Grundschwingung. *Zeitschrift für angewandte Bäder- und Klimaheilkunde 6,* S. 126 (1959).

55 Janke, H. J.: *Über die rhythmische Funktionsordnung von Puls und Atmung während des Nachtschlafes bei gesunden und hirngeschädigten Kindern,* Medizinische Dissertation Marburg (1974).

56 Karlson, P.: *Kurzes Lehrbuch der Biochemie,* Thieme Verlag Stuttgart (1977).

57 Klages, L.: *Vom Wesen des Rhythmus.* Sämtliche Werke Bd. 3, S. 499 (1974).

58 Klinker, L., Landmann, W.: Saisonale Einflüsse auf den Kureffekt bei funktionellen und organischen Herzpatienten. *Archiv für Physikalische Medizin 22,* S. 135 – 142 (1970).

59 Kripke, D. F., Mullaney, D. J., Fleck, P. A.: Ultradian Rhythms During Sustained Performance. In: Schulz, H., Lavie, P. (Eds): *Ultradian Rhythms,* Springer Verlag Berlin (1982).

60 Lavie, P.: Ultradian Rhythms: Gates of Sleep and Wakefulness. In: Schulz, H., Lavie, P. (Eds): *Ultradian Rhythms*, Springer Verlag Berlin (1982).

60a Matthiesen, P. F., Roßlenbroich, B., Schmidt, S.: *Unkonventionelle Medizinische Richtungen – Bestandsaufnahmen zur Forschungssituation.* Materialien zur Gesundheitsforschung, hrsg. vom Projektträger Forschung im Dienste der Gesundheit, Band 21, Bonn 1992.

60b Matthiolius, H., Schuh, C.: Der Einfluß der Erziehung auf die Acceleration des Menschen. *Beiträge zu einer Erweiterung der Heilkunst* 30, S. 129 – 140 (1977).

61 Mayersbach, H. v.: Die Zeitstruktur des Organismus. Auswirkungen auf zelluläre Leistungsfähigkeit und Medikamentenempfindlichkeit. *Arzneimittel Forschung* 28 (II), S. 1824 – 1836 (1978).

62 Miles, L. E. M., Raynal, D. M., Wilson, M. A.: Blind Man Living in Normal Society has Circadian Rhythms of 24,9 Hours. *Science* 198, S. 421 – 423 (1977).

63 Mletzko, H. G., Mletzko, I.: *Biorhythmik.* Die neue Brehm-Bücherei. A. Ziemsen-Verlag Wittenberg (1977).

64 Moog, R., Endlich, H., Hildebrandt, G., Martens, H.: Circadian rhythms in blind persons. In: Hildebrandt, G., Moog, R., Raschke, F. (Hrsg.): *Chronobiology and Chronomedicine*, Verlag Peter Lang Frankfurt, S. 439 – 441 (1987).

65 Moore-Ede, M, C., Sulzmann, F. M., Fuller, C. A.: *The Clocks That Time Us. Physiology of the Circadian Timing System,* Harvard University Press (1982).

66 Morath, M.: The four-hour feeding rhythm of the baby as a free running endogenously regulated rhythm. *International Journal of Chronobiology* 2, S. 39 – 45 (1974).

67 Palmer, J. D.: *An introduction to biological rhythms,* Academic Press New York (1976).

68 Peiper, A.: Das Zusammenspiel des Saugzentrums mit dem Atemzentrum beim menschlichen Säugling. *Pflügers Archiv* 240, S. 312 – 324 (1938).

69 Pöllmann, L., Hildebrandt, G.: Chronobiologie der Schmerzempfindung. *Therapiewoche* 32, S. 2214 – 2226 (1982).

70 Raschke, F.: *Die Kopplung zwischen Herzschlag und Atmung beim Menschen.* Medizinische Dissertation Marburg (1981).

71 Raschke, F., Hildebrandt, G.: Coordination and synchronization in the cardiovascular-respiratory system. In: Hildebrandt, G., Moog, R., Raschke, F. (Hrsg.): *Chronobiology and Chronomedicine*, Verlag Peter Lang Frankfurt, S. 164 – 171 (1987).

72 Reinberg, A.: Aspects of circaannual rhythms in man. In: Pengelley, E. T. (Hrsg): *Circaannual Clocks*, Academic Press New York (1974).

73 Reinberg, A., Schuller, E., Delasnerie, N., Clench, J., Halary, M.: Rhythmes circadiens et circannuelles des leucocytes, protéines totales, IgA, IgM, IgG d'adultes sains. *Nouveau Presse Médicale* 6, S. 3819 – 3823 (1977).

74 Reinberg, A., Smolensky, M. (Hrsg.): *Biological Rhythms and Medicine*, Springer Verlag Berlin (1983).

75 Rensing, L.: *Biologische Rhythmen und Regulation*, G. Fischer Verlag Stuttgart (1973).

76 Richter, R., Kayser, M.: Rhythmic abilities in patients with functional cardiac arrhythmias. *Journal of Interdisciplinary Cycle Research* 22, S. 173 – 174 (1991).

77 Rosenblatt, L. S., Shifrine, M., Hetherington, N. W., Paglieroni, I., Mak-Kenzie, M. R.: A circannual rhythm in rubella antibody titers. *Journal of Interdisciplinary Cycle Research* 13, S. 81 – 88 (1982).

78 Röthing, P.: Zur Theorie des Rhythmus. In: Brünner, G., Röthing, P. (Hrsg): *Grundlagen und Methoden rhythmischer Erziehung*, Klett Verlag Stuttgart, S. 11 – 32 (1979).

79 Rudder, B. de: *Grundriß der Meteorobiologie des Menschen*, Springer Verlag Berlin (1952).

79a Schad, W.: Zur Organologie und Physiologie des Lernens. Aspekte einer pädagogischen Theorie des Leibes. In: Lippitz, W., Rittelmeyer, C.: *Phänomene des Kinderlebens. Beispiele und methodische Probleme einer pädagogischen Phänomenologie*, Verlag J. Klinkhardt, Bad Heilbrunn (1990).

80 Schad, W.: *Erziehung ist Kunst. Pädagogik aus Anthroposophie*, Verlag Freies Geistesleben Stuttgart (1991).

81 Schmidt, R. F., Thews, G.: *Physiologie des Menschen*, Springer Verlag Berlin (1985).

82 Schubert, G. H.: *Die Geschichte der Natur.* Bd. 3, S. 447. Erlangen (1837).

83 Schultze, E. G.: Einfluß des Meeresküstenklimas. In: Amelung, W., Evers, A. (Hrsg): *Handbuch der Bäder- und Klimaheilkunde*, Schattauer Verlag Stuttgart, S. 683 – 700 (1962).

84 Schweiger, H. G.: Zirkadiane Rhythmen in einer Einzelzelle. In: *Chronobiologie und Medizin. Die Bedeutung Biologischer Rhythmen.* Studentensymposium Universität Marburg (1983).

85 Schweiger, H. G.: Cellular and molecular aspects of circadian rhythms: a review. In: Hildebrandt, G., Moog, R., Raschke, F. (Hrsg): *Chronobiology and Chronomedicine*, Verlag Peter Lang Frankfurt, S. 15 – 25 (1987).

86 Schweiger, H. G., Hartwig, R., Schweiger, M.: Cellular aspects of circadian rhythms. *Journal of Cell Science Suppl.* 4, S. 181 – 200 (1986).

87 Sinz, R.: *Zeitstrukturen und organismische Regulation,* Akademie-Verlag Berlin (1978).

88 Smolensky, M. H.: Aspects of human chronopathology. In: Reinberg, A., Smolensky, M. H. (Eds): *Biological Rhythms and Medicine,* Springer Verlag Berlin, S. 131 – 209 (1983).

89 Stamm, D.: Tagesschwankungen der Normalbereiche diagnostisch wichtiger Blutbestandteile. *Verhandlungen der Deutschen Gesellschaft für Innere Medizin* 73, S. 982 – 989 (1967).

90 Steiner, R.: *Geisteswissenschaftliche Menschenkunde* (GA 107), Rudolf Steiner Verlag Dornach/Schweiz (1979).

91 Steiner, R.: *Allgemeine Menschenkunde als Grundlage der Pädagogik* (GA 293), Rudolf Steiner Verlag Dornach/Schweiz (1980).

92 Steiner, R.: *Von Seelenrätseln* (GA 21), Rudolf Steiner Verlag Dornach/ Schweiz (1983).

93 Wacholder, K.: Selbstgewähltes Bewegungstempo und seine Beziehung zum «Eigenrhythmus» und zur Ökonomie der Bewegung. *Zeitschrift für Arbeitsphysiologie* 7, S. 423 – 429 (1933).

94 Ward, R. R.: *Die biologischen Uhren* (1973).

95 Wever, R.: The circadian multi-oscillator system of man. *International Journal of Chronobiology* 3, S. 19 – 55 (1975).

96 Yen, S. S. C., Tsai, C. C., Naftolin, F.: Pulsatile patterns of gonadotropin release in subjects with and without ovarian function. *Journal of Clinical Endocrinology and Metabolism* 34, S. 671 (1972).

Über den Autor

Bernd Roßlenbroich wurde 1957 geboren. Er studierte Tiermedizin an der Universität Gießen. Promotion an der dortigen Humanmedizinischen Fakultät über ein Thema zur Krebstherapie. Wissenschaftlicher Assistent an der Universität Gießen in der Medizinischen Physiologie. Seit 1989 arbeitet er an der Universität Witten/Herdecke im Projekt «Unkonventionelle Medizinische Richtungen», das im Auftrag des Bundesforschungsministeriums die staatliche Forschungsförderung zu Themen der Naturheilkunde und Erfahrungsmedizin betreut.

Betrachtungen zum Phänomen der Zeit

Georg Kniebe (Hrsg.)
Was ist Zeit?
Die Welt zwischen Wesen und Erscheinung
339 Seiten mit zahlreichen Abbildungen, kartoniert

Phänomenologische Betrachtung zur «Zeit» (Georg Kniebe) / Von der inneren Uhr der Evolution (Dieter Kötter) / Zeit-Maßstäbe der Erdgeschichte (Dankmar Bosse) / Stufen der Zeit (Georg Maier) / Von der physikalischen Zeit zum Zeiterkennen (David Auerbach) / Zeiterleben und Zeitorganismus des Menschen (Gunther Hildebrandt) / Die doppelte Buchführung: Zeitpunkt- und Zeitraum-Rechnung (Benediktus Hardorp) / Ebenen des Zeiterlebens (Erika Dühnfort) / Das große «Heute» (Rudolf Frieling) / Vom Verstehen der Zeit (Wolfgang Schad) / Anhang: Quellentexte zum Phänomen «Zeit» (von Platon, Aristoteles, aus der Apokalypse des Johannes, von Augustinus, Newton, Kant, Mozart, Schiller, Goethe, Boisserée, Helmholtz, Steiner, Rilke, Mumford, Eliot, Einstein, Ionesco, Whitehead, Hawking und Fierz.)

«Der nüchterne Titel läßt nicht ahnen, wie ungewöhnlich interessant die Tatsachen, die uns umgeben, werden, wenn sie unter dem zeitlichen Aspekt betrachtet werden. Je mehr der Leser sich damit beschäftigt, um so mehr werden seine Gedanken beweglich, sie lösen sich aus den überkommen Schematas und können plötzlich wahrnehmen, wie sich alles entwickelt. Damit erschließt sich eine neue Betrachtungsweise von Welt und Mensch. ... Ein anregendes und insoweit aufregendes Buch.»
Claus Rasmus, Der Merkurstab

VERLAG FREIES GEISTESLEBEN

Naturwissenschaften und Anthropologie

Theodor Schwenk
Das sensible Chaos
Strömendes Formenschaffen in Wasser und Luft
144 Seiten, 88 Fotos auf Tafeln und zahlreiche Zeichnungen, Leinen

Paul Schatz
Rhythmusforschung und Technik
140 Seiten mit zahlreichen Zeichnungen und Fotos, gebunden

Jochen Bockemühl (Hrsg.)
Erscheinungsformen des Ätherischen
Wege zum Erfahren des Lebendigen in Natur und Mensch
Mit Beiträgen von C. Lindenau, G. Maier, E.-A. Müller,
H. Poppelbaum, D. Rapp und W. Schad.
197 Seiten mit zahlreichen, z. T. farbigen Abbildungen, kartoniert

Friedrich A. Kipp
Die Evolution des Menschen
im Hinblick auf seine lange Jugendzeit
144 Seiten, kartoniert

Ernst-Michael Kranich
Von der Gewißheit zur Wissenschaft der Evolution
Die Bedeutung von Goethes Erkenntnismethode für die Evolutionstheorie
112 Seiten mit 15 Abbildungen, kartoniert

VERLAG FREIES GEISTESLEBEN

Goetheanistische Naturwissenschaft
Herausgegeben von Wolfgang Schad

«Es gibt eine zarte Empirie, die sich mit dem Gegenstand innigst identisch macht und dadurch zur eigentlichen Theorie wird.»
Goethe

Band 1 · Allgemeine Biologie

141 Seiten mit zahlreichen Abbildungen, kartoniert

Biologisches Denken (Wolfgang Schad) / Lebensrhythmen im Pflanzen- und Tierreich (Jochen Bockemühl) / Die Gestaltentstehung bei Pflanze und Tier (Henning Kunze) / Die Metamorphose bei Blütenpflanze und Schmetterling (Andreas Suchantke) / Archäopteryx lithographica – eine Mosaikform? (Wolfgang Schad) / Das Wachstumsauge der Pflanze als Bild der stammesgeschichtlichen Stellung des Menschen (Wolfgang Tittmann) / Der Entwicklungsgang zur organischen Eigenwärme (Wolfgang Schad) / Vom Naturlaut zum Sprachlaut (Wolfgang Schad) / Leben und Bewußtsein – die Bedeutung der Absterbevorgänge im Organismus (Gunther Zickwolff) / Zum Todesgeschehen in der Natur (Wolfgang Schad) / Skizzen zu einer ökologischen Ethik (Andreas Suchantke).

Band 2 · Botanik

223 Seiten mit zahlreichen Abbildungen, kartoniert

Der Pflanzentypus als Bewegungsgestalt (Jochen Bockemühl) / Bildebewegungen im Laubblattbereich höherer Pflanzen; Äußerungen des Zeitleibes in den Bildebewegungen der Pflanze (Jochen Bockemühl) / Die Zeitgestalt der Pflanze (Andreas Suchantke) / Über einige Gesetzmäßigkeiten in der Pflanzenbildung – Zum Verständnis des Keimblattes (Thomas Göbel) / Die Bedeutung des Blühimpulses für die Metamorphose der Pflanze im Jahreslauf (Robert Bünsow) / Die Metamorphose der Blüte (Thomas Göbel) / Staubblatt und Fruchtblatt (Jochen Bockemühl) / Vergleichende Studien im Bereich der Lippenblütler (Roland Schaette) / Lärche und Eiche und ihre Beziehung zum menschlichen Organismus (Hans Krüger) / Zur Biologie der Gestalt der mitteleuropäischen buchenverwandten und ahornartigen Bäume (Wolfgang Schad) / Über die Integration der Mistel in die Baumgestalt der Kiefer (Thomas Göbel) / Die Bildung der Pflanzenqualität als Ergebnis der Wirkungen von Erde und Sonne (Wolfgang Schaumann) / Niedermoor und Hochmoor, ein goetheanistischer Ansatz zur Landschaftskunde (Wolfgang Schad).

VERLAG FREIES GEISTESLEBEN

Goetheanistische Naturwissenschaft

Herausgegeben von Wolfgang Schad

*«Bei allem nun hat der treue Forscher sich selbst zu beobachten
und zu sorgen, daß, wie er die Organe bildsam sieht,
er sich auch die Art zu sehen bildsam erhalte.»*
Goethe

Band 3 · Zoologie

180 Seiten mit zahlreichen Abbildungen, kartoniert

Arterhaltung und Individualisierung in der Tierreihe (Friedrich A. Kipp) / Konvergente Evolution des Skelettes in verschiedenen Tiergruppen (Andreas Suchantke) / Vom Leben im Lichtraum (Wolfgang Schad) / Naturbilder menschlicher Gestaltungskräfte. Tintenfisch, Schnecke und Muschel (Thomas Göbel) / Die Buckelzirpen (Membracidae) und die Formensprache der Insekten (Andreas Suchantke) / Biotoptracht und Mimikry bei afrikanischen Tagfaltern (Andreas Suchantke) / Biotoptracht bei südamerikanischen Schmetterlingen (Andreas Suchantke) / Über die Pfahlstellung der Rohrdommeln und verwandte Erscheinungen (Friedrich A. Kipp) / Das Kompensationsprinzip in der Brutbiologie der Vögel (Friedrich A. Kipp) / Was spricht sich in den Prachtkleidern der Vögel aus? (Andreas Suchantke) / Über den Vogelzug (Friedrich A. Kipp) / Bezahnung und Bildungsidee des Organismus (Friedrich A. Kipp).

Band 4 · Anthropologie

276 Seiten mit zahlreichen Abbildungen, kartoniert

Stauphänomene am menschlichen Knochenbau (Wolfgang Schad) / Grundzüge der menschlichen Knochenbildung (Matthias Woernle) / Indizien für die Sprachfähigkeit fossiler Menschen (Friedrich A. Kipp) / Gestaltmotive der fossilen Menschenformen (Wolfgang Schad) / Das Ohr als Abbild des dreigliedrigen Organismus (Paul Paede) / Die Ohrorganisation (Wolfgang Schad) / Dynamische Morphologie von Herz und Kreislauf (Wolfgang Schad) / Der periphere Blutkreislauf als Strömungsorgan (Heinrich Brettschneider) / Der Beitrag der Verhaltensforschung zum Selbstverständnis des Menschen (Andreas Suchantke).

VERLAG FREIES GEISTESLEBEN

Aspekte der Waldorfpädagogik

Der Rhythmus von Schlafen und Wachen

Seine Bedeutung im Kindes- und Jugendalter
77 Seiten, kartoniert
Die Impulsierung der menschlichen Entwicklung und der neueren
Geschichte aus der Sphäre des Schlafes (Stefan Leber) / Die Ver-
änderungen von Wachen und Schlafen im Kindes- und Jugendalter
(Ernst-Michael Kranich) / Wesenswirkungen der dritten Hierarchie
(Jörgen Smit) / Erziehung als Kunst (Heinz Zimmermann) / Der
Mathematikunterricht und seine Wirkung auf die Gesundheitskräfte
(Ernst Schuberth)

Die Bedeutung des Rhythmus in der Erziehung

116 Seiten, kartoniert
Kindheit im Schicksal der Gegenwart – Die erzieherisch-therapeuti-
sche Aufgabe von Rhythmus (Hartwig Schiller) / Die Beziehung ver-
schiedener Unterrichtsgebiete zu den Wesensgliedern des Kindes und
dem Rhythmus von Wachen und Schlafen (Ernst-Michael Kranich) /
Die nächtliche Seite des Geschichtsunterrichts (Rainer Patzlaff) /
Idealismus im Gedanken und in der Sprache – ein notwendiges
Lebenselement im Jugendalter (Malte Schuchhardt)

Wolfgang Schad
Erziehung ist Kunst
Pädagogik aus Anthroposophie
176 Seiten, kartoniert

VERLAG FREIES GEISTESLEBEN